小6算数を
ひとつひとつわかりやすく。

［改訂版］

Gakken

ひとつひとつわかりやすく。シリーズとは

やさしい言葉で要点しっかり！

難しい用語をできるだけ使わずに，イラストとわかりやすい文章で解説しています。
算数が苦手な人や，ほかの参考書は少し難しいと感じる人でも，無理なく学習できます。

ひとつひとつ，解くからわかる！

解説ページを読んだあとは，ポイントをおさえた問題で，理解した内容をしっかり定着できます。
テストの点数アップはもちろん，算数の基礎力がしっかり身につきます。

やりきれるから，自信がつく！

1回分はたったの2ページ。
約10分で負担感なく取り組めるので，初めての自主学習にもおすすめです。

この本の使い方

1回10分，読む→解く→わかる！

1回分の学習は2ページです。毎日少しずつ学習を進めましょう。

左ページが
書き込み式の
解説です。

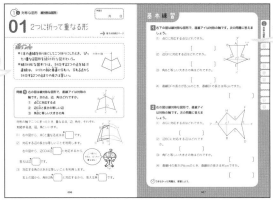

書き込み式の
練習問題です。

答え合わせもかんたん・わかりやすい！

解答は本体に軽くのりづけしてあるので，ひっぱって取り外してください。
問題とセットで答えが印刷してあるので，ひとりで答え合わせができます。

復習テストで，テストの点数アップ！

各分野の最後に，これまで学習した内容を確認するための「復習テスト」があります。

😊 学習のスケジュールも、ひとつひとつチャレンジ！

まずは次回の学習予定を決めて記入しよう！

1日の学習が終わったら，もくじページにシールをはりましょう。
また，次回の学習予定日を決めて記入してみましょう。

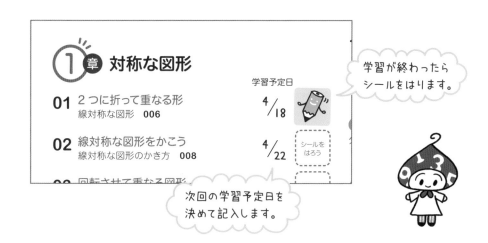

カレンダーや手帳で，さらに先の学習計画を立ててみよう！

おうちのカレンダーや自分の手帳にシールをはりながら，まずは1週間ずつ学習スケジュールを立ててみましょう。
それができたら，次は月ごとのスケジュールを立ててみましょう。

😊 みなさんへ

小学6年の算数は，分数のかけ算・わり算，立体の体積など，小学校で学んできたことのまとめとなる内容が多くなります。5年生までに学んだ内容を使いこなす必要があり，ぐっと難しくなります。
その一方で，比例と反比例，データの調べ方など中学校の数学の基礎になるような内容では新しい用語もたくさん登場し，算数に苦手意識をもちはじめる人も少なくありません。
この本では，学校で習う内容の中でも特に大切なところを，図解を使いながらやさしいことばで説明し，簡単な穴うめをすることで，概念や解き方をしっかり理解することができます。
みなさんがこの本で学ぶことで，「算数っておもしろい」「問題が解けるって楽しい」と思ってもらえれば，とてもうれしいです。

もくじ 小6算数

☺ 次回の学習日を決めて，書きこもう。
1回の学習が終わったら，巻頭のシールをはろう。

わかる君を探してみよう！

この本にはちょっと変わったわかる君が全部で
9つかくれています。学習を進めながら探して
みてくださいね。

色や大きさは，上の絵とちがうことがあるよ！

01 2つに折って重なる形

→ 答えは別冊2ページ

ポイント

● 1本の直線を折り目にして二つ折りにしたとき，ぴったり重なる図形を線対称な図形という。

● 線対称な図形では，対応する2つの点を結ぶ直線は，対称の軸と垂直に交わり，交わる点から対応する2つの点までの長さは等しい。

対称の軸 ——→

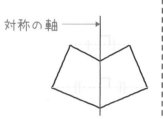

問題 ❶ 右の図は線対称な図形で，直線アイは対称の軸です。次の点，辺，角はどれですか。

(1) 点Cに対応する点

(2) 辺CDと長さの等しい辺

(3) 角Bと等しい大きさの角

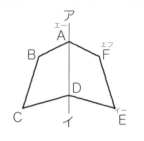

対称の軸で二つに折ったとき，重なる点，辺，角を，それぞれ**対応する点，辺，角**といいます。

(1) 右の図から，点Cと重なる点は点 ❶[　　] です。
　　　　　対応する点

(2) 対応する辺の長さは等しいことを利用します。

　　右の図から，辺CDは辺 ❷[　　] と対応するから，

　　答えは辺 ❸[　　] です。

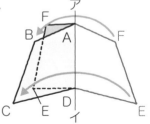

二つ折りにすると，ぴったり重なるね！

(3) 対応する角の大きさは等しいことを利用します。

　　右上の図から，角Bは角 ❹[　　] と対応するから，答えは角 ❺[　　] です。

基本練習

1 右下の図は線対称な図形で，直線アイは対称の軸です。次の問題に答えましょう。

(1) 点Cに対応する点はどれですか。

〔　　　　　　　　〕

(2) 辺GF（ジー）に対応する辺はどれですか。

〔　　　　　　　　〕

(3) 角Bと等しい大きさの角はどれですか。

〔　　　　　　　　〕

(4) 直線DFの長さが8cmのとき，直線DI（アイ）の長さは何cmですか。

〔　　　　　　　　〕

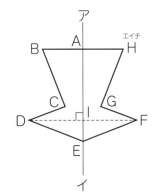

2 右の図は線対称な図形で，直線アイは対称の軸です。次の問題に答えましょう。

(1) 点Gに対応する点はどれですか。

〔　　　　　　　〕

(2) 辺BCに対応する辺はどれですか。

〔　　　　　　　〕

(3) 角Fと等しい大きさの角はどれですか。

〔　　　　　　　　〕

(4) 直線HIの長さが6cmのとき，直線BIの長さは何cmですか。

〔　　　　　　　　〕

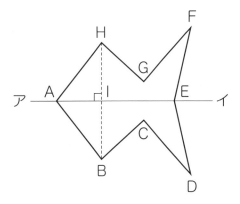

😊 できなかった問題は，復習しよう。

02 線対称な図形をかこう

→ 答えは別冊2ページ

ポイント

● 右の図で，直線アイを対称の軸とする線対称
な図形は，次の❶〜❸の順にかく。

❶各点から対称の軸に垂直な直線を
ひく。

❷対称の軸からの長さが等しく
なるように対応する点をとる。

❸各点を直線で結ぶ。

等しい長さは，
コンパスで写し
取ろう！

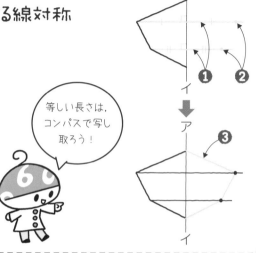

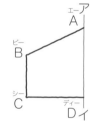

問題❶ 右の図で，直線アイが対称の
軸になるように，線対称な図
形をかきましょう。

❶ 点 [　] ，点Cから対称の軸に垂直な直線をひく。

❷ 対称の軸からの長さが等しくなるように，点B，
点Cに対応する点をとる。

❸ 各点を直線で結ぶ。

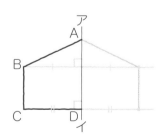

基本練習

1 下の図で，直線アイが対称の軸になるように線対称な図形をかきましょう。

(1)

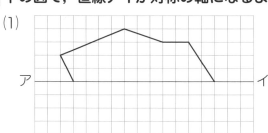

(2)

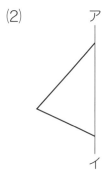

(3)

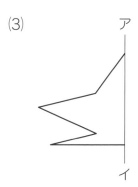

(4)

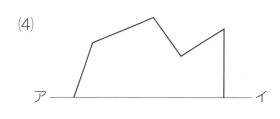

できなかった問題は，復習しよう。

03 回転させて重なる図形

→ 答えは別冊2ページ

ポイント

● 1つの点のまわりに180°回転させたとき，もとの図形にぴったり重なる図形を点対称な図形という。

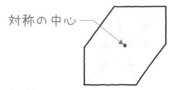

対称の中心

● 対応する2つの点を結ぶ直線は，対称の中心を通り，対称の中心から対応する2つの点までの長さは等しい。

問題1 右の図は点対称な図形で，点O（オー）は対称の中心です。次の点，辺，角はどれですか。

(1) 点A（エー）に対応する点
(2) 辺BC（ビーシー）と等しい長さの辺
(3) 角F（エフ）と等しい大きさの角

対称の中心のまわりに180°回転させたとき，重なる点，辺，角を，それぞれ**対応する点，辺，角**といいます。

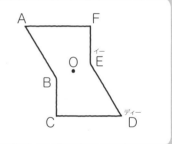

(1) 右の図から，点Aと重なる点は，点 [❶] です。
　　対応する点

(2) 対応する辺の長さは等しいことを利用します。

　　右の図から，辺BCは辺 [❷] と対応するから，

　　答えは辺 [❸] です。

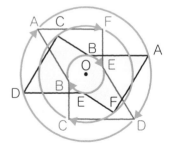

180°回転させるとぴったり重なるね！

(3) 対応する角の大きさは等しいことを利用します。

　　右上の図から，角Fは角 [❹] と対応するから，答えは角 [❺] です。

基本練習

1 右下の図は点対称な図形で，点Oは対称の中心です。次の問題に答えましょう。

(1) 点Bに対応する点はどれですか。

〔　　　　　〕

(2) 角Aに対応する角はどれですか。

〔　　　　　〕

(3) 辺DEと長さの等しい辺はどれですか。

〔　　　　　〕

(4) 直線DOの長さが6cmのとき，直線DH^{エイチ}の長さは何cmですか。

〔　　　　　〕

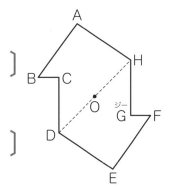

2 右下の図は点対称な図形で，点Oは対称の中心です。次の問題に答えましょう。

(1) 点Cに対応する点はどれですか。

〔　　　　　〕

(2) 角Aの大きさは何度ですか。

〔　　　　　〕

(3) 辺J^{ジェーアイ}Iと長さの等しい辺はどれですか。

〔　　　　　〕

(4) 直線BOの長さが2cmのとき，直線GOの長さは何cmですか。

〔　　　　　〕

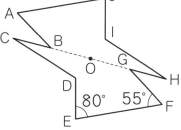

できなかった問題は，復習しよう。

学習日

月　　日

04 点対称な図形をかこう

→ 答えは別冊2ページ

ポイント

● 右の図で，点O（オー）を対称の中心とする点対称な
図形は，次の❶〜❸の順にかく。

❶ 各点から対称の中心を
通る直線をひく。

❷ 対称の中心からの長さが
等しくなるように対応する点
をとる。

❸ 各点を直線で結ぶ。

点対称な図形
でも，コンパス
で等しい長さを
写し取ろう！

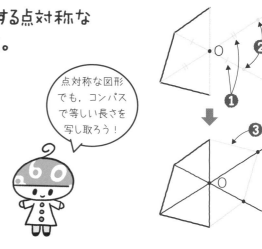

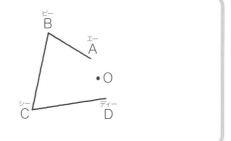

問題❶ 右の図で，点Oが対称の中心となる
ように点対称な図形をかきましょう。

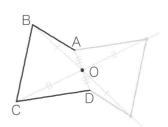

❶ 点A, B, C, Dから［　　　　　　❶　　　　　　］を

通る直線をひく。

❷ 対称の中心からの長さが等しくなるように
対応する点をとる。

❸ 各点を直線で結ぶ。

基本練習

1 下の図で，点Oが対称の中心になるように点対称な図形をかきましょう。

(1)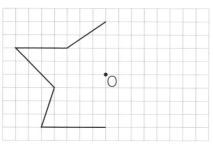

(2)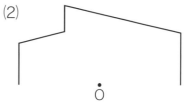

(3)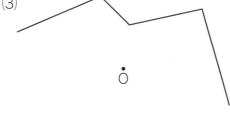

(4)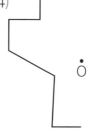

できなかった問題は，復習しよう。

学習日　　月　　日

05 いろいろな図形と対称

→ 答えは別冊3ページ

ポイント

正多角形はすべて線対称な図形で，対称の軸の数は辺の数と同じ。

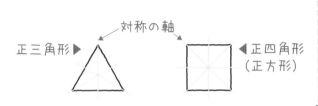

問題❶ 右の正多角形について答えましょう。

(1) 対称の軸は何本ありますか。

(2) 点対称な図形はどちらですか。

正五角形　　正六角形

(1) 正多角形を線対称な図形と考えたとき，

対称の軸の数＝辺の数 になります。

正五角形　　正六角形

● 正五角形➡辺の数が ❶[　] つだから，

対称の軸は ❷[　] 本です。

● 正六角形➡辺の数が ❸[　] つだから，

対称の軸は ❹[　] 本です。

対称の軸には頂点を通らないものもあるね。

(2) 右の図から，180°回転させてぴったり重なる

正 ❺[　] 角形が，点対称な

図形です。

 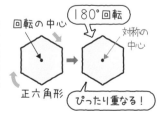

辺の数が**偶数**の正多角形は，点対称な図形でもあります。

基本練習

1 下の四角形について，⑴，⑵にあてはまる四角形をそれぞれ全部選んで，記号で答えましょう。

⑦ 台形　　⑦ 平行四辺形　　⑦ ひし形　　⑤ 長方形　　⑦ 正方形

⑴　線対称で，対称の軸が2本ある図形

〔　　　　　　　〕

⑵　線対称でも点対称でもある図形

〔　　　　　　　〕

2 右の正七角形について答えましょう。

⑴　正七角形は線対称な図形です。対称の軸は何本ありますか。

正七角形

〔　　　　　　　〕

⑵　正七角形は，点対称な図形であるかどうか答えなさい。

〔　　　　　　　〕

できなかった問題は，復習しよう。

算数力アップ いろいろな三角形や四角形を調べてみよう！

下の三角形と四角形が線対称な図形か点対称な図形かを調べると，右の表のようになります。

 直角三角形
二等辺三角形
 正三角形

 平行四辺形　ひし形　長方形　 正方形

		線対称	対称の軸	点対称
三角形	直角三角形	×	0	×
	二等辺三角形	○	1	×
	正三角形	○	3	×
四角形	平行四辺形	×	0	○
	ひし形	○	2	○
	長方形	○	2	○
	正方形	○	4	○

学習日　月　日

06 xやaを使って式に表そう

→ 答えは別冊3ページ

ポイント

○や□のかわりに，x（エックス）やa（エー）などの文字を使って式に表すことができます。

問題 ① 1個x円のあめを4個買ったときの代金を，文字を使った式に表しましょう。

ことばの式に表して，その式に文字や数をあてはめましょう。

ことばの式　[あめの代金] = [1個の値段（ねだん）] × [個　数]

文字をあてはめる　　　数をあてはめる

文字の式　❶[　　] × ❷[　　]（円）

問題 ② 長さ8mのひもからxm切り取った残りをy（ワイ）mとします。

(1) xとyの関係を式に表しましょう。

(2) 切り取ったひもの長さが3mのときの残りの長さを求めましょう。

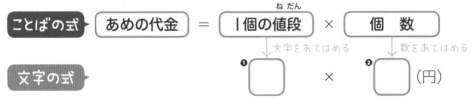

(1) **ことばの式**　[はじめの長さ] − [切り取った長さ] = [残りの長さ]

数をあてはめる　　　文字をあてはめる　　　文字をあてはめる

文字の式　❸[　　] − ❹[　　] = ❺[　　]（m）

(2) (1)の文字の式のxに数をあてはめると，

❻[　　] − ❼[　　] = ❽[　　]（m）

このとき，xにあてはめた数3をxの値（あたい），そのときのyの表す数 ❾[　　] を，xの値3に対応するyの値といいます。

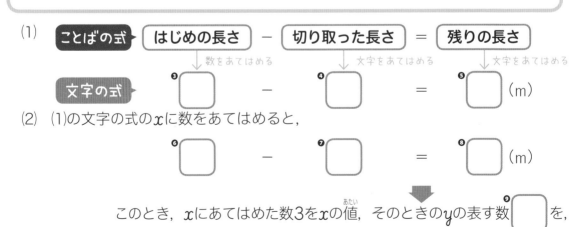

基本練習

1 **次の場面を，文字を使った式に表しましょう。**

(1) a円の品物を買って，100円出したときのおつり

[   ]

(2) 長さxmのテープを7等分したときの1本分の長さ

[   ]

(3) 底辺が6cmで，高さが$a$cmの平行四辺形の面積

[   ]

2 **1辺の長さが$x$cmの正方形のまわりの長さを$y$cmとします。**

(1) xとyの関係を式に表しましょう。

[   ]

(2) xの値が5のとき，対応するyの値を求めましょう。

[   ]

(3) yの値が32のとき，対応するxの値を求めましょう。

[   ]

できなかった問題は，復習しよう。

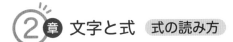
07 式が表す意味は？

→ 答えは別冊3ページ

問題 1 右の絵で，次の式が何を表しているか
を考えて，答えましょう。

(1) $x \times 4 + 50$

(2) $x \times 2 + 50 \times 3$

(3) $x + 50 \times 5$

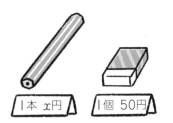

1本 x円　1個 50円

かけ算やたし算の意味を考えて，その式が表す意味を読み取りましょう。

(1)

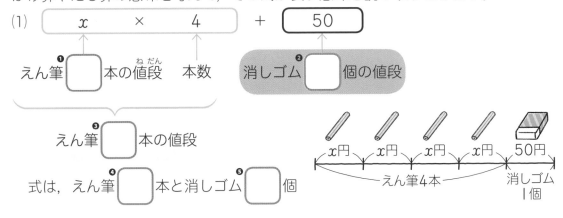

| x | × | 4 | + | 50 |

えん筆 ❶◻ 本の値段　本数　消しゴム ❷◻ 個の値段

えん筆 ❸◻ 本の値段

式は，えん筆 ❹◻ 本と消しゴム ❺◻ 個

x円 x円 x円 x円 50円
えん筆4本　消しゴム1個

をあわせた代金を表しています。

(2)

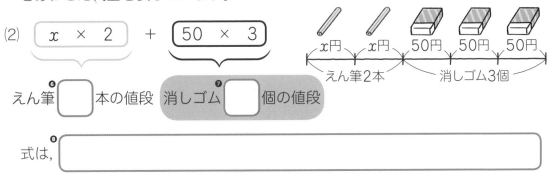

| x × 2 | + | 50 × 3 |

えん筆 ❻◻ 本の値段　消しゴム ❼◻ 個の値段

x円 x円 50円 50円 50円
えん筆2本　消しゴム3個

式は， ❽◻

を表しています。

(3) (1)，(2)と同じように考えると，式が表しているのは，

❾◻ です。

1 $x \times 5 - 80$ の式で表されるのは，⑦〜⑨のどれですか。

⑦　1個 x gの荷物5個を80gの箱に入れたときの全体の重さ

⑦　x 円のあめ1個と80円のガム1個を1組にしたもの5組の代金

⑨　1個 x 円のケーキを5個買い，80円まけてもらったときの代金

〔　　　　　　　〕

2 1個200円のりんごを何個か買い，500円のかごに入れてもらいます。りんごの個数と代金の関係について，次の問題に答えましょう。

(1)　りんごの個数を x 個，代金の合計を y 円として，x と y の関係を式に表しましょう。

〔　　　　　　　〕

(2)　(1)の式で，x の値を3，4，5，6，…としたとき，それぞれに対応する y の値を求めましょう。

りんごの個数　x個	3	4	5	6	…
代金の合計　y円					…

(3)　(1)の式で，x の値が9のとき，対応する y の値を求めましょう。

〔　　　　　　　〕

(4)　3000円で，できるだけ多くのりんごを買います。りんごを何個買うことができますか。

〔　　　　　　　〕

できなかった問題は，復習しよう。

復習テスト①

1

右の図は線対称な図形で，直線アイは対称の軸です。

次の問題に答えましょう。　　　　　【各6点　計18点】

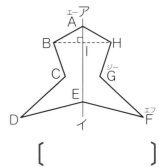

(1)　辺DEと等しい長さの辺はどれですか。

〔　　　　　　　　〕

(2)　角Cと等しい大きさの角はどれですか。

〔　　　　　　　　〕

(3)　直線BIの長さが5cmのとき，直線BHの長さは何cmですか。

〔　　　　　　　　〕

2

右の図は点対称な図形です。次の問題に答えましょう。　【各6点　計18点】

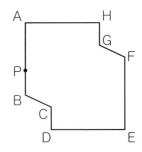

(1)　対称の中心Oを図にかき入れましょう。

(2)　辺BCに対応する辺はどれですか。

〔　　　　　　　　〕

(3)　点Pに対応する点Qを，図にかき入れましょう。

3

右の正八角形は，線対称な図形であり，点対称な図形でもあります。次の問題に答えましょう。　【各8点　計16点】

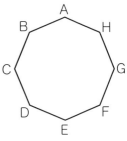

(1)　点Cと点Gを通る対角線を対称の軸としたとき，点Bに対応する点はどれですか。

〔　　　　　　　　〕

(2)　点対称な図形とみたとき，辺ABに対応する辺はどれですか。

〔　　　　　　　　〕

答えは別冊12ページ

学習日	得点
月　　日	／100点

4　下の図で，(1)は直線アイが対称の軸になるように線対称な図形を，(2)は点〇が対称の中心になるように点対称な図形をかきましょう。　【各10点　計20点】

(1)　線対称な図形

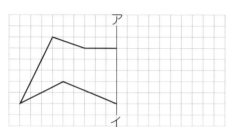

(2)　点対称な図形

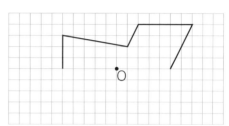

5　次のxとyの関係を式に表しましょう。　【各6点　計18点】

(1)　1日の昼の長さをx時間とすると，夜の長さはy時間になります。

〔　　　　　　　　　　　〕

(2)　1mの値段が200円の布をxm買ったら，代金はy円でした。

〔　　　　　　　　　　　〕

(3)　1個x円のおかしを7個買って，500円出したら，おつりはy円でした。

〔　　　　　　　　　　　〕

6　横の長さが8cmの長方形があります。次の問題に答えましょう。【各5点　計10点】

(1)　この長方形の縦の長さを$x$cm，面積を$y$cm²として，xとyの関係を式に表しましょう。

〔　　　　　　　　　　　〕

(2)　(1)の式で，xの値が6のとき，対応するyの値を求めましょう。

〔　　　　　　　　　　　〕

学習日

月　　　日

08 分数×整数の計算をしよう

→ 答えは別冊3ページ

ポイント

分数に整数をかける計算は、
分母はそのままにして、
分子にその**整数をかける。**

$$\dfrac{b}{a} \times c = \dfrac{b \times c}{a}$$　←分子に整数をかける。
　　　　　　　　　←分母はそのまま。

問題 1 次の計算をしましょう。

(1) $\dfrac{3}{5} \times 2$　　　(2) $\dfrac{8}{9} \times 18$

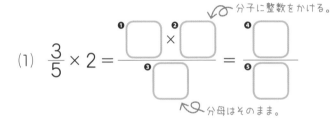

(1) $\dfrac{3}{5} \times 2 = \dfrac{\boxed{①} \times \boxed{②}}{\boxed{③}} = \dfrac{\boxed{④}}{\boxed{⑤}}$

分子に整数をかける。

分母はそのまま。

答えは帯分数になおして、
$1\dfrac{1}{5}$ としてもいいよ。

(2) 計算のとちゅうで約分できるときは、約分してから計算します。

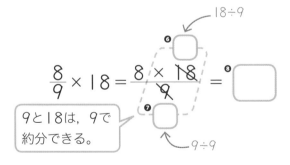

$18 \div 9$

$\dfrac{8}{9} \times 18 = \dfrac{8 \times \cancel{18}}{\cancel{9}} = \boxed{⑧}$

9と18は、9で
約分できる。

$9 \div 9$

とちゅうで約分すると、
計算が簡単になるね。

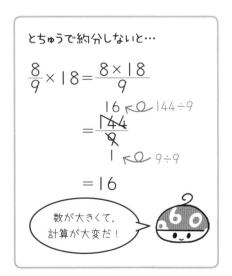

とちゅうで約分しないと…

$\dfrac{8}{9} \times 18 = \dfrac{8 \times 18}{9}$

$= \dfrac{\overset{16}{\cancel{144}}}{\cancel{9}}$　$144 \div 9$

${}^{1}$　$9 \div 9$

$= 16$

数が大きくて、
計算が大変だ！

1 次の計算をしましょう。

(1) $\dfrac{2}{9} \times 4$

(2) $\dfrac{5}{4} \times 2$

(3) $\dfrac{4}{7} \times 7$

(4) $\dfrac{3}{8} \times 6$

(5) $\dfrac{7}{5} \times 20$

(6) $\dfrac{5}{16} \times 24$

2 1dLで$\dfrac{4}{7}$m²のへいをぬることができるペンキがあります。このペンキ 5dLでは，何m²のへいをぬることができますか。

〔　　　　　　　　　〕

3 1辺の長さが$\dfrac{5}{6}$mの正方形があります。この正方形のまわりの長さは，何mですか。

〔　　　　　　　　　〕

😊 できなかった問題は，復習しよう。

09 分数×分数の計算をしよう

➡ 答えは別冊4ページ

ポイント

分数に分数をかける計算は，
<u>分母どうし，分子どうし</u>を
かける。

$$\frac{b}{a} \times \frac{d}{c} = \frac{b \times d}{a \times c}$$ ←分子どうしをかける。
←分母どうしをかける。

問題 1 次の計算をしましょう。

(1) $\dfrac{2}{3} \times \dfrac{4}{5}$　　(2) $\dfrac{6}{7} \times \dfrac{14}{9}$　　(3) $\dfrac{4}{7} \times \dfrac{5}{9} \times \dfrac{3}{8}$

分子どうしをかける。

(1) $\dfrac{2}{3} \times \dfrac{4}{5} = \dfrac{❶\boxed{} \times ❷\boxed{}}{❸\boxed{} \times ❹\boxed{}} = \dfrac{❺\boxed{}}{❻\boxed{}}$

分母どうしをかける。

約分できるときは，
計算のとちゅうで
約分しようね。

(2) $\dfrac{6}{7} \times \dfrac{14}{9} = \dfrac{❼\boxed{} \times ❽\boxed{}}{\cancel{6} \quad \cancel{14}}{❾\boxed{} \times ❿\boxed{}} = ⓫\boxed{}$

7と14で約分 →
6と9で約分 ←

答えは帯分数に
なおして，
$1\dfrac{1}{3}$としてもよい。

(3) 3つの分数のかけ算は，分母どうし，分子どうしをまとめてかけます。

4と8で約分 → ⓬$\boxed{}$　　　9と3で約分

$\dfrac{4}{7} \times \dfrac{5}{9} \times \dfrac{3}{8} = \dfrac{\cancel{4} \times ⓭\boxed{} \times \cancel{3}}{⓮\boxed{} \times \cancel{9}_{3} \times \cancel{8}_{⓯\boxed{}}} = ⓰\boxed{}$

1 次の計算をしましょう。

(1) $\dfrac{4}{5} \times \dfrac{2}{9}$

(2) $\dfrac{3}{4} \times \dfrac{1}{6}$

(3) $\dfrac{2}{3} \times \dfrac{12}{7}$

(4) $\dfrac{5}{6} \times \dfrac{9}{10}$

(5) $\dfrac{2}{5} \times \dfrac{1}{2} \times \dfrac{5}{7}$

(6) $\dfrac{6}{7} \times \dfrac{9}{8} \times \dfrac{7}{15}$

2 1mの重さが$\dfrac{4}{7}$kgの鉄の棒があります。この鉄の棒$\dfrac{4}{9}$mの重さは，何kgですか。

〔　　　　　　〕

3 1m²あたり$\dfrac{5}{8}$kgの米がとれる田んぼがあります。この田んぼ$\dfrac{6}{5}$m²から，何kgの米がとれますか。

〔　　　　　　〕

できなかった問題は，復習しよう。

3 章 分数のかけ算

10 いろいろな分数のかけ算をしよう

→ 答えは別冊4ページ

問題 1 次の計算をしましょう。

(1) $2 \times \dfrac{3}{7}$　　　　(2) $\dfrac{2}{9} \times 1\dfrac{3}{4}$

(1) 整数を，分母が1の分数で表して，計算します。

$2 \times \dfrac{3}{7} = \dfrac{2}{\boxed{\text{❶}}} \times \dfrac{3}{7} = \dfrac{2 \times 3}{\boxed{\text{❷}} \times 7} = \boxed{\text{❸}}$

$2 \times \dfrac{3}{7} = \dfrac{2 \times 3}{7}$
と考えて計算しても
いいよ。

分母が1の分数で表す。

(2) 帯分数を仮分数で表して，計算します。

$\dfrac{2}{9} \times 1\dfrac{3}{4} = \dfrac{2}{9} \times \dfrac{\boxed{\text{❹}}}{4} = \dfrac{\cancel{2} \times \boxed{\text{❻}}}{9 \times \cancel{4}} = \boxed{\text{❽}}$

❺　❼

帯分数を仮分数で表す

仮分数の分子は，$1\dfrac{3}{4} \rightarrow 4 \times 1 + 3 = 7$ となる。

分母　整数部分　分子　仮分数の分子

問題 2 右の長方形の面積を求めましょう。

面積や体積は，辺の長さが分数で表されていても，
公式を使ってかけ算で求めることができます。

$\dfrac{7}{9}$ m

$\dfrac{2}{5}$ m

長方形の面積は，$\dfrac{2}{5} \times \boxed{\text{❾}} = \dfrac{2 \times \boxed{\text{❿}}}{5 \times \boxed{\text{⓫}}} = \boxed{\text{⓬}}$ (m²)

長方形の面積＝縦×横
の公式を使って求める。

基本練習

1 次の計算をしましょう。

(1) $8 \times \dfrac{2}{5}$

(2) $6 \times \dfrac{3}{4}$

(3) $14 \times \dfrac{4}{7}$

(4) $\dfrac{1}{3} \times 1\dfrac{3}{5}$

(5) $1\dfrac{1}{2} \times \dfrac{5}{6}$

(6) $2\dfrac{2}{9} \times 1\dfrac{1}{8}$

2 右の直方体の体積を求めましょう。

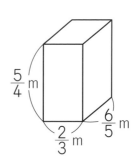

[　　　　　]

😊 できなかった問題は，復習しよう。

算数力アップ **かける数と積の大きさの関係**

かける数と積の大きさの関係は，かける数が
分数のときにも成り立ちます。
● かける数＞1のとき ➡ 積＞かけられる数
● かける数＝1のとき ➡ 積＝かけられる数
● かける数＜1のとき ➡ 積＜かけられる数

例
$6 \times \dfrac{3}{2} = 9 > 6$
$6 \times 1 = 6$
$6 \times \dfrac{2}{3} = 4 < 6$

積がかけられる数より大
きいか，小さいかは，計
算しなくてもわかる。

11 くふうして計算しよう

→ 答えは別冊4ページ

ポイント

分数のかけ算でも，計算のきまりを利用して，くふうして計算することができる。

計算のきまり
$$a \times b = b \times a$$
$$(a \times b) \times c = a \times (b \times c)$$
$$(a+b) \times c = a \times c + b \times c$$
$$(a-b) \times c = a \times c - b \times c$$

問題 1 計算のきまりを使って，くふうして計算しましょう。

(1) $\left(\dfrac{7}{9} \times \dfrac{2}{3}\right) \times \dfrac{3}{2}$　　(2) $\left(\dfrac{3}{4} + \dfrac{1}{6}\right) \times 12$

簡単な数になる計算を先にするといいよ。

(1) $\left(\dfrac{7}{9} \times \dfrac{2}{3}\right) \times \dfrac{3}{2} = \dfrac{7}{9} \times \left(\dfrac{2}{3} \times \dfrac{3}{2}\right) = \dfrac{7}{9} \times$ ❶□ = ❷□

　　　$\underbrace{\qquad\qquad\qquad\qquad\qquad}_{(a \times b) \times c = a \times (b \times c)}$

(2) $\left(\dfrac{3}{4} + \dfrac{1}{6}\right) \times 12 = \dfrac{3}{4} \times$ ❸□ $+ \dfrac{1}{6} \times$ ❹□　← $(a+b) \times c = a \times c + b \times c$

　　　$=$ ❺□ $+$ ❻□ $=$ ❼□

問題 2 次の数の逆数を求めましょう。

(1) $\dfrac{4}{9}$　　(2) 3　　(3) 0.9

2つの数の積が1になるとき，一方の数をもう一方の数の**逆数**といいます。

逆数を求めるときは，分数の形にして，分母と分子を入れかえます。

(1) $\dfrac{4}{9}$の逆数は，

 ❽□

分母と分子を入れかえる。

(2) $3 = \dfrac{3}{\underset{❾\square}{}}$ だから，

3の逆数は，❿□

(3) $0.9 = \dfrac{9}{\underset{⓫\square}{}}$ だから，

0.9の逆数は，⓬□

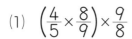

1 計算のきまりを使って，くふうして計算しましょう。

(1) $\left(\dfrac{4}{5} \times \dfrac{8}{9}\right) \times \dfrac{9}{8}$

(2) $\left(\dfrac{5}{6} + \dfrac{7}{8}\right) \times 24$

(3) $\dfrac{2}{7} \times 8 + \dfrac{2}{7} \times 6$

(4) $\dfrac{7}{8} \times \dfrac{3}{5} - \dfrac{1}{4} \times \dfrac{3}{5}$

2 次の数の逆数を求めましょう。

(1) $\dfrac{7}{5}$

(2) 14

(3) 1.3

$\Big[\qquad\Big]\quad\Big[\qquad\Big]\quad\Big[\qquad\Big]$

😊 できなかった問題は，復習しよう。

12 分数÷整数の計算をしよう

→ 答えは別冊4ページ

ポイント

分数を整数でわる計算は，
分子はそのままにして，
分母にその整数をかける。

$$\frac{\overset{ビー}{b}}{\underset{エー}{a}} \div \overset{シー}{c} = \frac{b}{a \times c}$$

←分子はそのまま。
←分母に整数をかける。

問題 1　次の計算をしましょう。

(1) $\dfrac{2}{9} \div 3$　　　　(2) $\dfrac{4}{7} \div 2$

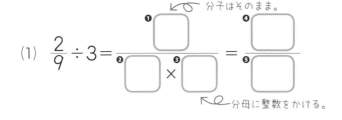

(1) $\dfrac{2}{9} \div 3 = \dfrac{\boxed{①}}{\boxed{②} \times \boxed{③}} = \dfrac{\boxed{④}}{\boxed{⑤}}$

分子はそのまま。
分母に整数をかける。

分子に整数を
かけないように
気をつけてね。

(2) 計算のとちゅうで約分できるときは，約分してから計算します。

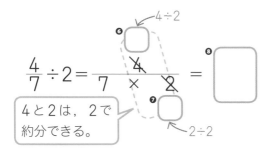

$\dfrac{4}{7} \div 2 = \dfrac{\cancel{4}^{\boxed{⑥}}}{7 \times \cancel{2}_{\boxed{⑦}}} = \boxed{⑧}$

4÷2

4と2は，2で
約分できる。

2÷2

分数のわり算の答えは，
かけ算で求められるんだね。

とちゅうの約分で注意

(1)の $\dfrac{2}{9} \div 3$ で，次のよう
に約分しないように注意
しましょう。

$\dfrac{2}{\cancel{9}} \div \cancel{3} = \dfrac{2}{3}$

こことここで
約分してはダメ！

030

基本練習

1 次の計算をしましょう。

(1) $\dfrac{5}{6} \div 2$

(2) $\dfrac{7}{2} \div 8$

(3) $\dfrac{3}{8} \div 9$

(4) $\dfrac{4}{5} \div 4$

(5) $\dfrac{14}{9} \div 10$

(6) $\dfrac{18}{25} \div 12$

2 $\dfrac{9}{5}$ mのリボンを4等分すると，1本分の長さは何mになりますか。

〔　　　　　　　〕

3 3mの重さが $\dfrac{6}{7}$ kgの鉄の棒があります。この鉄の棒1mの重さは，何kgですか。

〔　　　　　　　〕

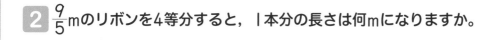 できなかった問題は，復習しよう。

学習日　　月　　日

13 分数÷分数の計算をしよう

→ 答えは別冊5ページ

ポイント

分数である計算は，わる数の
逆数をかける。

$$\frac{b}{a} \div \frac{d}{c} = \frac{b}{a} \times \frac{c}{d} = \frac{b \times c}{a \times d}$$

逆数をかける。

問題 1 次の計算をしましょう。

(1) $\dfrac{2}{3} \div \dfrac{5}{6}$ 　　(2) $3 \div \dfrac{2}{5}$ 　　(3) $1\dfrac{1}{4} \div \dfrac{3}{2}$

(1) $\dfrac{2}{3} \div \dfrac{5}{6} = \dfrac{2}{3} \times \dfrac{6}{\boxed{❶}} = \dfrac{2 \times \cancel{6}^{\boxed{❷}}}{\cancel{3}_{\boxed{❸}} \times \boxed{❹}} = \dfrac{\boxed{❺}}{\boxed{❻}}$

わる数の逆数をかける。　　　　　計算のとちゅうで約分する。

(2) 整数を，分母が1の分数で表して，計算します。

$3 \div \dfrac{2}{5} = \dfrac{\boxed{❼}}{} \div \dfrac{2}{5} = \dfrac{\boxed{❽}}{} \times \dfrac{5}{2} = \boxed{❾}$

分母が1の分数で表す。　わる数の逆数をかける。　　答えは $7\dfrac{1}{2}$ としてもよい。

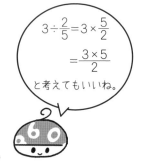

$3 \div \dfrac{2}{5} = 3 \times \dfrac{5}{2}$

$= \dfrac{3 \times 5}{2}$

と考えてもいいね。

(3) 帯分数を仮分数で表して，計算します。

$1\dfrac{1}{4} \div \dfrac{3}{2} = \dfrac{\boxed{❿}}{4} \div \dfrac{3}{2} = \dfrac{\boxed{⓫}}{4} \times \dfrac{2}{3} = \dfrac{\boxed{⓬} \times \cancel{2}^{\boxed{⓭}}}{\cancel{4}_{\boxed{⓮}} \times 3} = \boxed{⓯}$

帯分数を仮分数で表す。　　わる数の逆数をかける。　　計算のとちゅうで約分する。

1 次の計算をしましょう。

(1) $\dfrac{2}{7} \div \dfrac{5}{8}$

(2) $\dfrac{9}{10} \div \dfrac{3}{7}$

(3) $\dfrac{4}{15} \div \dfrac{6}{5}$

(4) $\dfrac{13}{6} \div \dfrac{13}{9}$

(5) $9 \div \dfrac{3}{4}$

(6) $6 \div \dfrac{20}{7}$

(7) $\dfrac{7}{3} \div 2\dfrac{4}{5}$

(8) $1\dfrac{5}{6} \div 3\dfrac{2}{3}$

2 $\dfrac{12}{7}$ mの重さが $\dfrac{4}{9}$ kgのホースがあります。このホース1mの重さは、何kgですか。

4章 分数のわり算

😊 できなかった問題は、復習しよう。

学習日

月　　　日

14 3つの分数の計算をしよう

➡ 答えは別冊5ページ

問題 1 次の計算をしましょう。

(1) $\dfrac{3}{4} \times \dfrac{2}{5} \div \dfrac{1}{3}$　　(2) $\dfrac{15}{8} \div 6 \times \dfrac{2}{5}$　　(3) $0.8 \div 4 \div 1.3$

分数のかけ算とわり算のまじった式は，かけ算だけの式になおして計算します。

(1) $\dfrac{3}{4} \times \dfrac{2}{5} \div \dfrac{1}{3} = \dfrac{3}{4} \times \dfrac{2}{5} \times \dfrac{❶\square}{❷\square} = \dfrac{3 \times 2 \times ❹\square}{4 \times 5 \times ❻\square}^{❸\square} = {}^{❼\square}$

❺$\square$

逆数をかける計算になおす。

分母が1の分数になおす。

1回約分したところも，さらに約分できることがあるので注意しよう。

(2) $\dfrac{15}{8} \div 6 \times \dfrac{2}{5} = \dfrac{15}{8} \div {}^{❽}\square \times \dfrac{2}{5}$

逆数をかける計算になおす。

$= \dfrac{15}{8} \times {}^{❾}\square \times \dfrac{2}{5} = \dfrac{15 \times 1 \times 2}{8 \times 6 \times 5} = {}^{⓮}\square$

❿$\square$　⓫$\square$　⓬$\square$　⓭$\square$　（2）

(3) 小数や整数を分数で表して計算します。

$0.8 \div 4 \div 1.3 = \dfrac{8}{10} \div \dfrac{4}{1} \div {}^{⓭}\square$

分数だけの式になおす。

$= \dfrac{8}{10} \times \dfrac{1}{4} \times {}^{⓰}\square = \dfrac{8 \times 1 \times 10}{10 \times 4 \times \square}^{⓱\square} = {}^{⓴}\square$

⓲$\square$　⓳$\square$

かけ算だけの式になおす。

1 次の計算をしましょう。

(1) $\dfrac{2}{3} \div \dfrac{4}{5} \times \dfrac{9}{10}$

(2) $\dfrac{2}{7} \div \dfrac{8}{9} \div \dfrac{5}{14}$

(3) $3 \div \dfrac{3}{8} \times \dfrac{5}{6}$

(4) $\dfrac{3}{10} \times 4 \div 0.8$

(5) $0.7 \div 1.1 \div 21$

(6) $2.5 \times 2 \div 0.45$

😊 できなかった問題は，復習しよう。

4章 分数のわり算

算数力アップ わる数と商の大きさの関係

わる数と商の大きさの関係は，わる数が
分数のときにも成り立ちます。
- わる数 > 1 のとき ➡ 商 < わられる数
- わる数 = 1 のとき ➡ 商 = わられる数
- わる数 < 1 のとき ➡ 商 > わられる数

例 $12 \div \dfrac{4}{3} = 12 \times \dfrac{3}{4} = 9 < 12$

$12 \div 1 = 12$

$12 \div \dfrac{3}{4} = 12 \times \dfrac{4}{3} = 16 > 12$

15 分数の倍を使って計算しよう

→ 答えは別冊5ページ

問題① $\dfrac{5}{6}$mをもとにすると，$\dfrac{2}{3}$mは何倍ですか。

分数のときも，何倍かを求めるときは，**倍（割合）＝比べられる量÷もとにする量**
の式を使います。

もとにする量
比べられる量→$\dfrac{2}{3}$　$\dfrac{5}{6}$　(m)

0

0　　　　　□　1　倍

$\dfrac{2}{3} \div \boxed{}^{①} = \dfrac{2}{3} \times \boxed{}^{②} = \boxed{}^{③}$ （倍）

比べられる量
もとにする量

問題② 赤のテープの長さは12mです。青のテープの長さは，赤のテープの
$\dfrac{2}{3}$倍です。また，赤のテープの長さは，黄のテープの$\dfrac{6}{5}$倍です。

(1) 青のテープの長さは何mですか。

(2) 黄のテープの長さは何mですか。

比べられる量＝もとにする量×倍（割合） の式を使って求めます。

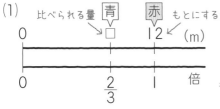

青のテープの長さは，

$\boxed{}^{④} \times \dfrac{2}{3} = \boxed{}^{⑤}$ (m)

もとにする量　　倍　　比べられる量

比べられる量と
もとにする量を
まちがえないでね。

黄のテープの長さを x mとして，黄と赤の
テープの長さの関係をかけ算の式に表すと，

$\boxed{}^{⑥} \times \dfrac{6}{5} = \boxed{}^{⑦}$

もとにする量　　倍　　比べられる量

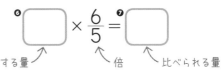

$x = \boxed{}^{⑧} \div \dfrac{6}{5} = \boxed{}^{⑨} \times \dfrac{5}{6} = \boxed{}^{⑩}$ だから，答えは，$\boxed{}^{⑪}$ m

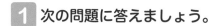

基本練習

1 次の問題に答えましょう。

(1) $\frac{8}{9}$ m²をもとにすると，$\frac{7}{6}$ m²は何倍ですか。

〔　　　　　　　〕

(2) $\frac{4}{5}$ Lを1とみると，$\frac{3}{10}$ Lはいくつにあたりますか。

〔　　　　　　　〕

(3) $\frac{7}{12}$ kgの $\frac{3}{4}$ にあたる重さは何kgですか。

〔　　　　　　　〕

2 青い色紙の枚数が200枚で，赤い色紙の枚数の $\frac{4}{5}$ にあたるとき，赤い色紙の枚数は何枚ですか。

〔　　　　　　　〕

😊 できなかった問題は，復習しよう。

 算数力アップ 時間の単位を変えるには？

1時間＝60分，1分＝60秒 の関係を使って，時間の単位を変えることができます。

例 $\frac{1}{4}$ 時間は何分？

➡ 1時間＝60分の $\frac{1}{4}$ だから，

$60 × \frac{1}{4} = 15$（分）

例 40秒は何分？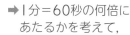

➡ 1分＝60秒の何倍にあたるかを考えて，

$40 ÷ 60 = \frac{40}{60} = \frac{2}{3}$（分）

4章 分数のわり算

復習テスト❷

1

次の計算をしましょう。　　　　　　　　　　　　　　　　　　　[各4点　計24点]

(1) $\dfrac{3}{7} \times 5$

(2) $\dfrac{2}{5} \times 30$

(3) $\dfrac{3}{4} \times \dfrac{6}{7}$

(4) $\dfrac{2}{9} \times \dfrac{3}{8}$

(5) $15 \times \dfrac{3}{10}$

(6) $1\dfrac{3}{5} \times 3\dfrac{3}{4}$

2

計算のきまりを使って，くふうして計算しましょう。　　　　　　[各5点　計15点]

(1) $\left(\dfrac{5}{6} \times \dfrac{7}{8}\right) \times \dfrac{8}{7}$

(2) $\left(\dfrac{3}{4} + \dfrac{5}{8}\right) \times 16$

(3) $\dfrac{2}{9} \times \dfrac{1}{5} + \dfrac{1}{3} \times \dfrac{1}{5}$

3

次の数の逆数を求めましょう。　　　　　　　　　　　　　　　[各4点　計16点]

(1) $\dfrac{3}{8}$　　　　　(2) $\dfrac{1}{9}$　　　　　(3) 20　　　　　(4) 1.7

〔　　　〕　〔　　　〕　〔　　　〕　〔　　　〕

答えは別冊12ページ

4 次の計算をしましょう。 [各4点 計24点]

(1) $\dfrac{5}{8} \div 4$

(2) $\dfrac{9}{5} \div 6$

(3) $\dfrac{5}{7} \div \dfrac{10}{11}$

(4) $\dfrac{3}{8} \div \dfrac{9}{4}$

(5) $6 \div \dfrac{4}{5}$

(6) $2\dfrac{2}{3} \div 3\dfrac{1}{5}$

5 次の計算をしましょう。 [各4点 計16点]

(1) $\dfrac{5}{7} \times \dfrac{1}{6} \times \dfrac{9}{5}$

(2) $\dfrac{3}{8} \times \dfrac{4}{9} \div \dfrac{11}{6}$

(3) $\dfrac{4}{3} \div 0.7 \div \dfrac{5}{6}$

(4) $6 \div 0.3 \times 1.9$

6 ジュースと牛乳があります。ジュースの量は$\dfrac{8}{9}$Lで，これは牛乳の量の$\dfrac{4}{3}$にあたります。牛乳の量は何Lですか。 [5点]

〔　　　　　　　〕

 比 比の表し方

16 比を使って表そう

答えは別冊5ページ

ポイント

● 2つの数量の割合を，記号「：」を使って
表したものを比という。

● a：bの比で，aがbの何倍になるかを表した数を比の値という。

比
$$3 : 5$$
〈三対五〉

問題① ウスターソース大さじ3ばいと，ケチャップ大さじ4はいを混ぜて，ハンバーグソースを作ります。ウスターソースとケチャップの量の割合を，比を使って表しましょう。

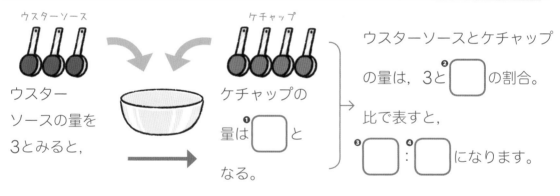

ウスターソース

ケチャップ

ウスター
ソースの量を
3とみると，

ケチャップの
量は❶▢と
なる。

ウスターソースとケチャップ
の量は，3と❷▢の割合。

比で表すと，

❸▢：❹▢になります。

問題② 6：9の比の値を求めましょう。

: は，÷のように
考えるんだね。

a：bの比の値は，a÷bを計算すれば求められます。

6：9の比の値 ➡ ❺▢ ÷ ❻▢ = $\dfrac{\cancel{6}^{❼▢}}{\cancel{9}_{❽▢}}$ = ❾▢

$\dfrac{6}{9}$倍 ← 比の値

6 ： 9

基本練習

1 次の割合を，比を使って表しましょう。

(1) 赤いテープが5m，青いテープが8mあるときの，赤いテープと青い
テープの長さの割合

[　　　　　]

(2) 6年1組の男子の人数が17人で，女子の人数が15人のとき，男子の
人数と女子の人数の割合

[　　　　　]

(3) (2)で，男子の人数と組全体の人数の割合

[　　　　　]

2 次の比の値を求めましょう。

(1) 20:15 　　　(2) 16:2 　　　(3) 3.5:1.5

[　　　] 　　[　　　] 　　[　　　]

(4) 1.2:0.4 　　(5) $\frac{3}{4}:\frac{2}{3}$ 　　(6) $\frac{1}{3}:\frac{5}{6}$

[　　　] 　　[　　　] 　　[　　　]

☺ できなかった問題は，復習しよう。

算数力アップ 比の値が等しい比は？

3:6と1:2の比の値を調べてみると，

$3:6 \rightarrow 3\div6=\frac{3}{6}=\frac{1}{2}$，　$1:2 \rightarrow 1\div2=\frac{1}{2}$

で，比の値が等しくなっています。
このとき，2つの比は等しいといい，次のように
表すことができます。　$\boxed{3:6=1:2}$

17 等しい比のつくり方

→ 答えは別冊6ページ

ポイント

● $a:b$ の a と b に同じ数をかけても，a と b を
同じ数でわっても，比はみな等しくなる。

● 比を，それと等しい比で，できるだけ小さい整数の比に
なおすことを，比を簡単にするという。

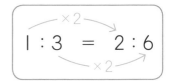

$$1:3 = 2:6$$

問題 1 6 : 15と等しい比を2つつくりましょう。

等しい比の性質を使って，
2をかけた比と3でわった
比をつくってみます。

$6 : 15 = \boxed{①} : \boxed{②}$　　$6 : 15 = \boxed{③} : \boxed{④}$

問題 2 5 : 8 = 20 : x で，x の表す数を求めましょう。

等しい比の性質を使って，
一方の数を求めると，
x の表す数は，32

$5 : 8 = 20 : \boxed{⑤}$

同じ数をかけて
求めるんだね。

問題 3 次の比を簡単にしましょう。

(1)　12 : 16　　　　(2)　2.1 : 1.4

比の両方の数をそれらの最大公約数でわると，一気に比を簡単にできます。

(1)

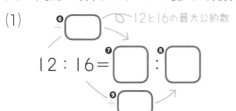

$12 : 16 = \boxed{⑦} : \boxed{⑧}$

（⑥：12と16の最大公約数）

(2)

$2.1 : 1.4 = 21 : 14$

まず整数の
比に直す

$= \boxed{⑩} : \boxed{⑪}$

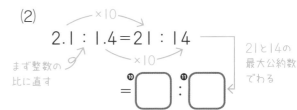

21と14の
最大公約数
でわる

基本練習

1 3：7と等しい比を2つつくりましょう。

〔　　　　　　　　〕〔　　　　　　　　〕

2 次の式で，xの表す数を求めましょう。

(1) $4：9＝x：27$　　　　　　(2) $60：40＝3：x$

〔　　　　　　〕　　　　　〔　　　　　　〕

(3) $30：5＝x：1$　　　　　　(4) $63：6＝x：2$

〔　　　　　　〕　　　　　〔　　　　　　〕

3 次の比を簡単にしましょう。

(1) $48：18$　　　　　　　(2) $32：14$

〔　　　　　　〕　　　　　〔　　　　　　〕

(3) $1.5：2$　　　　　　　(4) $\dfrac{2}{3}：\dfrac{4}{7}$

〔　　　　　　〕　　　　　〔　　　　　　〕

 できなかった問題は，復習しよう。

算数力アップ 分数の比を簡単にするには？

分数の比も小数の比と同じように，まず整数の比になおしてから簡単にします。

例 $\dfrac{3}{4}：\dfrac{3}{5}$

分母の4と5の最小公倍数20をかける。

$$\overset{\times 20}{\underset{\times 20}{\dfrac{3}{4}：\dfrac{3}{5}＝15：12}}$$

通分して，分子の比にする。

$$\dfrac{3}{4}：\dfrac{3}{5}＝\dfrac{15}{20}：\dfrac{12}{20}＝15：12$$

$$\overset{\div 3}{\underset{\div 3}{\ \ \Rightarrow 15：12＝5：4}}$$

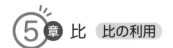

18 比の一方の量を求めよう

→ 答えは別冊6ページ

学習日　　月　　日

ポイント

比の一方の量を求めたいときの解き方は2つある。
① 比の一方の量がもう一方の量の何倍になっているかを考える。
② 求める量をxとして，等しい比の式に表し，比の性質を使ってxの表す数を求める。

問題 1 ある量のジュースを7：6の比になるように2つの水とうに分けます。小さい水とうには240mL入れました。大きい水とうには何mL入れますか。

解き方1

大きい水とうと小さい水とうのジュースの量の比は，7：6
小さい水とうを1とみると，
大きい水とうは小さい水とうの

$$7 \div 6 = \boxed{①} \text{（倍）}$$

にあたります。
よって，大きい水とうのジュースの量は，

$$240 \times \boxed{②} = \boxed{③} \text{（mL）}$$

↑小さい水とうのジュースの量　　↑大きい水とうのジュースの量

解き方2

大きい水とうに入るジュースの量をxmLとします。

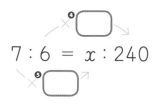

$$7 : 6 = x : 240$$

$$x = 7 \times \boxed{⑥} = \boxed{⑦}$$

よって，大きい水とうには，

$\boxed{⑧}$ mL入ります。

基本練習

1 コーヒーとミルクの量の比が5：3になるように混ぜて，ミルクコーヒーを作ります。

コーヒーを300mLにすると，ミルクは何mLになりますか。

〔　　　　　　〕

2 赤いひもと青いひもの長さの比が8：5になるように切りとります。

赤いひもの長さが24mのとき，青いひもは何mの長さに切りとればよいですか。

〔　　　　　　〕

3 ねずみが何びきか入っている箱があります。箱の中のねずみのおすとめすの数の比は，2：7で，おすの数は10ぴきです。

(1) めすのねずみは何びきいますか。

〔　　　　　　〕

(2) ねずみは全部で何びきいますか。

〔　　　　　　〕

できなかった問題は，復習しよう。

19 全体を決まった比に分けよう

→ 答えは別冊6ページ

ポイント

全体の量を決まった比に分けるときは，「全体の量を1」とみたり，「全体に対する部分の比」で考えたりして，部分の量を求めることができる。

問題 ① 長さが210cmのリボンを，姉と妹で長さの比が4：3になるように分けます。姉の分の長さは，何cmになりますか。

まず，姉の分と全体の長さの比を，右の図を使って考えます。

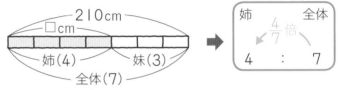

$$\boxed{}^{❶} + \boxed{}^{❷} = 7$$

解き方1

姉の分のリボンの長さは，全体の長さの

$$4 \div \boxed{}^{❸} = \frac{4}{7}(倍)$$

にあたるから，姉の分の長さは，

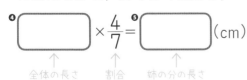

全体の長さ   割合   姉の分の長さ

解き方2

姉の分のリボンの長さを$x$cmとして，等しい比の式に表すと，

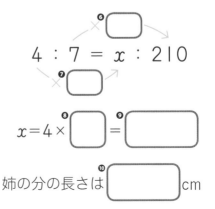

$$4 : 7 = x : 210$$

$$x = 4 \times \boxed{}^{❽} = \boxed{}^{❾}$$

姉の分の長さは $\boxed{}^{❿}$ cm

1 長さが30cmのひもがあります。そのひもを長さの比が3：2になるように2つに切りました。長いひも，短いひもはそれぞれ何cmですか。

〔 長いひも 　　　　　　 ， 短いひも 　　　　　 〕

2 ひよこが45羽います。おすとめすの数の比は4：5です。

(1) おすは何羽いますか。

〔 　　　　　 〕

(2) めすは何羽いますか。

〔 　　　　　 〕

3 ひろとさんは弟といっしょに2400円のゲームを買いました。ひろとさんと弟のはらうお金の比が5：3になるようにしました。ひろとさんはいくらはらいましたか。

〔 　　　　　 〕

😊 できなかった問題は，復習しよう。

復習テスト ③

1

次の比の値を求めましょう。　【各4点　計24点】

(1)　12：20

(2)　35：14

(3)　0.6：9

〔　　　　　〕　〔　　　　　〕　〔　　　　　〕

(4)　3：0.6

(5)　$2：\dfrac{4}{7}$

(6)　$4：\dfrac{8}{9}$

〔　　　　　〕　〔　　　　　〕　〔　　　　　〕

2

次の式で，x の表す数を求めましょう。　【各4点　計24点】

(1)　$18：45＝2：x$

(2)　$12：64＝3：x$

〔　　　　　〕　〔　　　　　〕

(3)　$25：65＝5：x$

(4)　$4：0.5＝x：3$

〔　　　　　〕　〔　　　　　〕

(5)　$8：0.4＝x：2$

(6)　$10：\dfrac{1}{5}＝x：8$

〔　　　　　〕　〔　　　　　〕

答えは別冊13ページ

学習日		得点
	月　　日	／100点

3 次の比を簡単にしましょう。　　　　　　　　　　　　　　　【各4点　計24点】

(1) 24：42　　　　　　(2) 18：72　　　　　　(3) 7.2：0.9

〔　　　　　　〕　　　〔　　　　　　〕　　　〔　　　　　　〕

(4) 1.2：8.4　　　　　(5) $\dfrac{8}{9}$：$\dfrac{4}{3}$　　　　　(6) $\dfrac{5}{6}$：$\dfrac{3}{8}$

〔　　　　　　〕　　　〔　　　　　　〕　　　〔　　　　　　〕

4 あめとクッキーの数の比が7：8になるように買います。
　あめを63個買うとき，クッキーは何個買うことになりますか。　　　【9点】

〔　　　　　　〕

5 1400円を，兄と弟で金額の比が4：3になるように分けます。
　兄の分は何円になりますか。　　　　　　　　　　　　　　　　【9点】

〔　　　　　　〕

6 500cmのひもを，長さの比が3：7になるように切ります。
　長いほうのひもの長さは何cmになりますか。　　　　　　　　　【10点】

〔　　　　　　〕

20 形が同じ2つの図形

→ 答えは別冊6ページ

ポイント

- もとの図形を，形を変えずに大きくした図形を拡大図，小さくした図形を縮図という。

- 拡大図や縮図では，対応する辺の長さの比，対応する角の大きさは等しい。

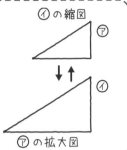

問題 1 右の④の四角形は，⑦の四角形の拡大図です。

(1) 何倍の拡大図ですか。

(2) 辺EFの長さは何cmですか。

(3) 角Cの大きさは何度ですか。

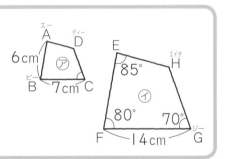

拡大図と縮図では，$\left\{\begin{array}{l}\text{対応する辺の長さの比}\\ \text{対応する角の大きさ}\end{array}\right\}$がすべて等しくなっています。

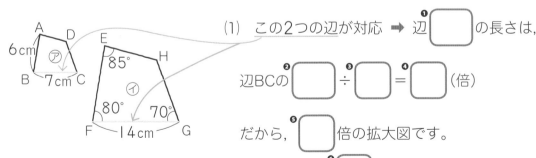

(1) この2つの辺が対応 ➡ 辺 ❶□ の長さは，

　辺BCの ❷□ ÷ ❸□ = ❹□（倍）

　だから，❺□ 倍の拡大図です。

(2) 辺EFと辺ABが対応 ➡ 辺EFの長さは，辺ABの ❻□ 倍だから，

❼□ × ❽□ = ❾□（cm）

(3) 角Cと角 ❿□ が対応 ➡ 対応する角の大きさは

等しいので，角Cの大きさは ⓫□ です。

対応している辺や角はどこかをみつけよう！

基本練習

1 右の⑦の四角形は, ⑦の四角形の $\frac{1}{2}$ の縮図です。
次の問題に答えましょう。

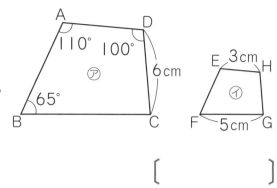

(1) 辺GHの長さは何cmですか。

[   ]

(2) 辺BCの長さは何cmですか。

[   ]

(3) 角Hの大きさは何度ですか。

[   ]

(4) 辺ADの長さは何cmですか。

[   ]

(5) 角Gの大きさは何度ですか。

[   ]

できなかった問題は, 復習しよう。

算数力アップ 辺の長さの比が同じなら, 拡大図になるの?

もとの図形のすべての辺の長さを2倍にしても, 対応する角の大きさがちがうと, 拡大図にはなりません。
次の2つの両方が成り立たないと, 拡大図・縮図にはならないので, 注意しましょう。

- 対応する辺の長さの比がすべて等しい。
- 対応する角の大きさがすべて等しい。

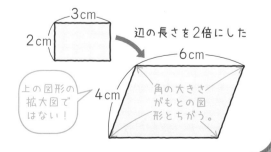

21 拡大図や縮図をかいてみよう

→ 答えは別冊7ページ

ポイント

拡大図，縮図のかき方は2つある。

① 対応する辺の長さの比や角の大きさが等しくなるようにかく。

② 1点からのきょりの比が等しくなるように点をとってかく。

問題① 右の三角形ABCを2倍に拡大した三角形をかきましょう。

かき方1

次の①〜④の順にかきます。

① 辺BCに対応する辺EFをかきます。

辺EFの長さ…3×❶□=❷□（cm）

② 角Eが55°となる直線をひきます。

③ ②の直線上に，辺ABに対応する辺DEとなる点Dをとります。

辺DEの長さ…2×❸□=❹□（cm）

④ 点Dと点Fを直線で結びます。

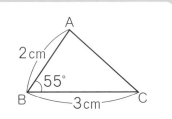

❸，❹と続きをかいて，拡大図を完成させてね。

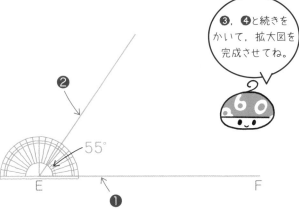

かき方2

次の①〜③の順にかきます。

① 辺BA，辺BCをのばします。

② ①の直線上に，辺BA，辺BCの❺□倍の長さの点D，点Eをとります。

③ 点Dと点Eを直線で結びます。

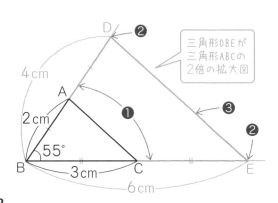

三角形DBEが三角形ABCの2倍の拡大図

基本練習

1 右の三角形ABCを $\frac{1}{2}$ に縮小した三角形DEF
をかきます。

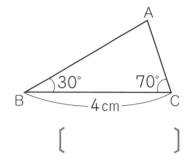

(1) 辺BCに対応する辺EFの長さを何cmに
しますか。

[　　　　　　　]

(2) 下の□に，三角形DEFをかきましょう。

2 点Bを中心にして，四角形ABCDを1.5倍に拡大した四角形EBGFをかき
ましょう。

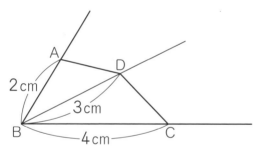

☺ できなかった問題は，復習しよう。

算数力アップ 合同な三角形のかき方を利用しよう！

三角形の拡大図や縮図は，5年生で学習した合同な三角形のかき方を利用すればかけます。

ア 3つの辺の長さ

イ 2つの辺の長さと
その間の角の大きさ

ウ 1つの辺の長さと
その両はしの角の大きさ

左の かき方1 は，イのかき方を利用しています。

22 実際の長さは？

→ 答えは別冊7ページ

問題① 右の図は，家のまわりの $\frac{1}{1000}$ の縮図です。
実際のABのきょりは何mですか。

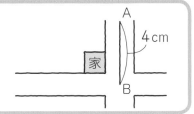

図の中で，ABの長さは □❶ cm。図は $\frac{1}{1000}$ の縮図なので，実際のABのきょり

は，□❷ × □❸ = □❹ (cm)，□❺ cm＝ □❻ m ➡ □❼ mです。

実際の長さを縮めた割合を**縮尺**といいます。縮尺には次のような表し方があります。

　あ $\frac{1}{10000}$
実際の長さを $\frac{1}{10000}$ に縮めている

　い 1：10000
縮図上の長さと実際の長さの比が1：10000

　う
縮図上での下の太線の長さが，実際は300m

問題② 右の図で，木の実際の高さは何mですか。
三角形ABCの $\frac{1}{200}$ の縮図をかいて求めましょう。

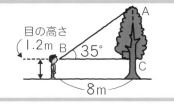

① まず，縮図をかきましょう。辺BCは，実際の長さの

$\frac{1}{200}$ だから □❽ × $\frac{1}{200}$ = □❾ (cm)

縮図は，右の図の三角形ABCになるので，

辺ACの長さをはかると約 □❿ cm。

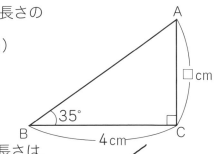

② 辺ACは $\frac{1}{200}$ の縮図上の長さだから，実際の長さは，

□⓫ ×200 = □⓬ (cm) ➡ 約 □⓭ m

木の高さは，□⓮ + □⓯ = □⓰ (m)
　　　　　　↑辺ACの実際の長さ　↑目の高さ

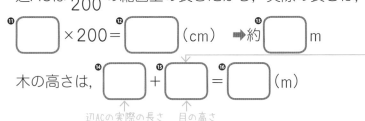

目の高さのたし忘れに注意！

➡ 約 □⓱ mです。

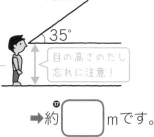

基本練習

1 下の縮図で，橋の実際の長さを求めましょう。

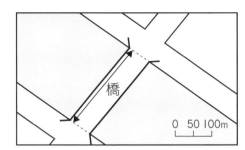

橋

0 50 100m

[　　　　　　　　]

2 右の図で，川はばABの実際の長さを，三角形ABCの縮図をかいて求めます。

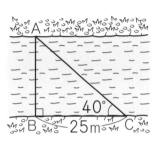

A

B　25m　C

40°

(1) 三角形ABCの $\frac{1}{500}$ の縮図をかくとき，辺BCに対応する辺の長さを何cmにしますか。

[　　　　　　　　]

(2) 右の□に，三角形ABCの $\frac{1}{500}$ の縮図をかき，辺ABの長さをはかりましょう。

[　　　　　　　]

(3) 川はばABの長さは，何mですか。

[　　　　　　　　]

😊 できなかった問題は，復習しよう。

復習テスト ④

1

右の図の三角形DBEは，三角形ABCを拡大したものです。次の問題に答えましょう。

【各9点 計27点】

(1) 三角形DBEは，三角形ABCの何倍の拡大図ですか。

[　　　　　　　]

(2) 辺BE，辺CAの長さは，それぞれ何cmですか。

辺BE [　　　　　] 辺CA [　　　　　]

2

右の㋐の四角形は，㋑の四角形の $\frac{1}{2}$ の縮図です。次の問題に答えましょう。

【各9点 計27点】

(1) 辺AD，辺HGの長さはそれぞれ何cmですか。

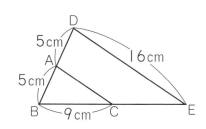

辺AD [　　　　　] 辺HG [　　　　　]

(2) 角Gの大きさは何度ですか。

[　　　　　　　]

3

右の方眼に，四角形ABCDの1.5倍の拡大図をかきましょう。

【10点】

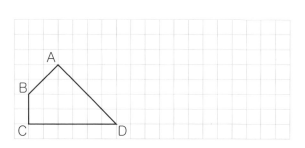

学習日		得点
月 日		／100点

4 右の方眼に，四角形ABCDの $\frac{1}{2}$ の縮図をかきましょう。

【10点】

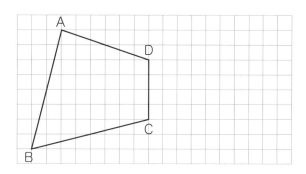

5 縮尺1：50000の地図の上で長さをはかったら，6cmありました。実際のきょりは何kmですか。

【13点】

〔　　　　　　　〕

6 右の図で，建物の高さは何mですか。三角形ABCの $\frac{1}{300}$ の縮図をかいて求めましょう。

【13点】

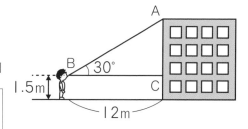

〔　　　　　　　〕

23 円の面積を求めよう

→ 答えは別冊7ページ

ポイント

- 円の面積を求める公式は，
  半径×半径×円周率(3.14)
- 円周の長さを求める公式は，
  直径×円周率(3.14)

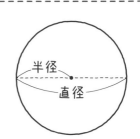

問題 1 次の円の面積を求めましょう。

(1) 半径4cm　　(2) 直径6cm

円の面積を求める公式にあてはめて，求めます。

円の面積＝半径×❶[　]×❷[　]　←3.14を使う

直径は半径の2倍だね。

(1)
4cm

公式に**半径の値**をあてはめて計算します。

⬇

円の面積＝❸[　]×❹[　]×3.14＝❺[　]（cm²）

(2)
半径
6cm

直径

まず，**半径**を求めます。

→半径は，❻[　]÷❼[　]＝❽[　]（cm）

次に，公式に**半径の値**をあてはめて計算します。

⬇

円の面積＝❾[　]×❿[　]×3.14＝⓫[　]（cm²）

基本練習

1 次の円の面積を求めましょう。

(1)

7cm

〔　　　　　　〕

(2)
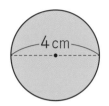
4cm

〔　　　　　　〕

(3)

5cm

〔　　　　　　〕

(4)
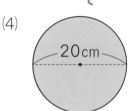
20cm

〔　　　　　　〕

2 円周の長さが37.68cmの円の面積を求めます。

(1) この円の直径を求めましょう。

〔　　　　　　〕

(2) この円の面積を求めましょう。

〔　　　　　　〕

できなかった問題は，復習しよう。

7
章
円
の
面
積

算数力アップ 円の面積が半径×半径×円周率で求められるワケ

円をどんどん細かく同じ大きさに分けて，右のように並べかえると，縦の長さが半径，横の長さが円周の半分の長方形に近づいていきます。

並べかえる

長方形に近づく

半径　　長方形

円周÷2

　円の面積＝長方形の面積
　　　　　＝半径×円周÷2　←長方形の面積＝縦×横
　　　　　＝半径×直径×円周率÷2　←円周＝直径×円周率
　　　　　＝半径×半径×円周率　←直径÷2＝半径

24 いろいろな図形の面積を求めよう

→ 答えは別冊7ページ

問題 ① 次の図形で，色をつけた部分の面積を求めましょう。

(1)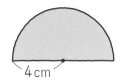
4cm

(2)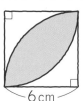
6cm

(1)　右の図から，色をつけた部分の面積は，

4cm

半径 ❶□ cmの円の面積の $\dfrac{❷□}{❸□}$ になります。

よって，色をつけた部分の面積は，

❹□ × ❺□ × ❻□ ÷ ❼□ = ❽□ （cm²）

半径4cmの円の面積　　円の $\dfrac{1}{2}$

(2)　図形を2つに分けて，その1つ分を次のように求めましょう。

これの2つ分になります。

の形の面積は，
円の面積の $\dfrac{1}{4}$ を
求めればいいね！

よって，色をつけた部分の面積は，

6 × ❾□ × 3.14 ÷ ❿□ − ⓫□ × ⓬□ ÷ 2 = ⓭□ （cm²）

半径6cmの円の面積の $\dfrac{1}{4}$　　三角形の面積

⓮□ × 2 = ⓯□ （cm²）

1 次の図形で，色をつけた部分の面積を求めましょう。

(1)

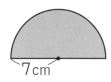

7cm

[　　　　　]

(2)

8cm

[　　　　　]

(3)

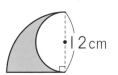

12cm

[　　　　　]

(4)

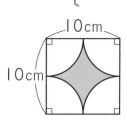

10cm

10cm

[　　　　　]

(5)

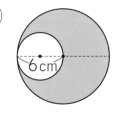

6cm

[　　　　　]

(6)

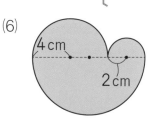

4cm

2cm

[　　　　　]

😊 できなかった問題は，復習しよう。

算数力アップ 移してみると，アラかんたん！

右の⑦の図で，色をつけた部分の面積を求め
ようとすると，計算が大変です。
でも，一部分を④の図のように移すと，
半径が4cmの円の $\frac{1}{2}$ になりました。
面積は，4×4×3.14÷2＝25.12（cm²）と求めることができます。
このように，面積が同じ部分を見つけて移すと，面積を求めやすい形になることがあります。

⑦

4cm

④

4cm

移す。

25 角柱・円柱の体積を求めよう

→ 答えは別冊8ページ

ポイント

● 角柱や円柱の1つの底面の面積を底面積という。

● 角柱・円柱の体積は，底面積×高さで求めることができる。

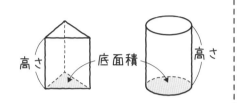

高さ　底面積　高さ

問題 1 右の角柱や円柱の体積を求めましょう。

(1) 5cm 8cm 6cm

(2) 4cm 10cm

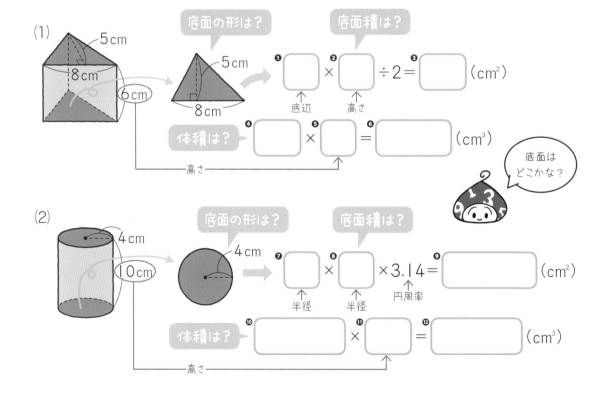

(1)

底面の形は？

底面積は？

5cm 8cm

❶ □ × ❷ □ ÷2 = ❸ □ （cm²）
↑底辺　　↑高さ

体積は？ ❹ □ × ❺ □ = ❻ □ （cm³）
高さ

底面はどこかな？

(2)

底面の形は？

底面積は？

4cm

❼ □ × ❽ □ ×3.14 = ❾ □ （cm²）
↑半径　　↑半径　　↑円周率

体積は？ ❿ □ × ⓫ □ = ⓬ □ （cm³）
高さ

基本練習

1 次の図のような角柱や円柱の体積を求めましょう。

(1)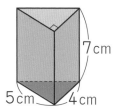

7cm
5cm　4cm

[　　　　　]

(2)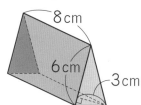

8cm
6cm
3cm

[　　　　　]

(3)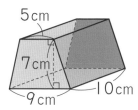

5cm
7cm
9cm　10cm

[　　　　　]

(4)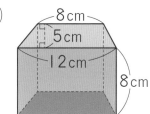

8cm
5cm
12cm
8cm

[　　　　　]

(5)

6cm
9cm

[　　　　　]

(6)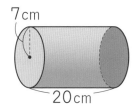

7cm
20cm

[　　　　　]

😣 できなかった問題は，復習しよう。

算数力アップ 底面はどの面かな？

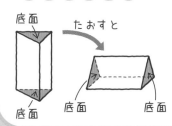
底面
たおすと
底面　底面

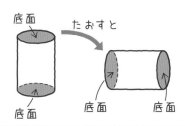
底面
たおすと
底面　底面

角柱や円柱は，どの面が底面か，図の向きによってわかりにくいことがあります。よく確かめましょう。

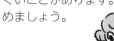

26 いろいろな立体の体積を求めよう

→ 答えは別冊8ページ

ポイント

右の図のように，底面積を一度に求めることができない立体は，底面をいくつかに分けて，底面積を求める。

底面を2つに分けて考える。
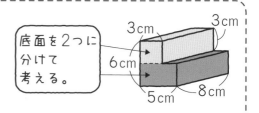

問題 1 右の立体の体積を求めましょう。

(1)
(2)
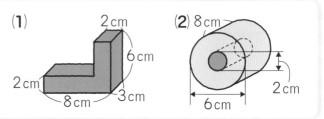

(1) 右の図のように底面を分けて，底面積を求めます。

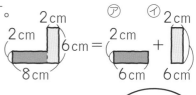

⑦の面積＝ [❶] × [❷] = [❸] （cm²）

⑦の面積＝ [❹] × [❺] = [❻] （cm²）

よって，底面積は， [❼] + [❽] = [❾] （cm²）なので，

立体の体積＝ [❿] × [⓫] = [⓬] （cm³）
　　　　　　　底面積　　　高さ

図をよく見て，求め方を考えよう！

(2) 底面を⑦の円から⑦の円をくりぬいた形と考えます。

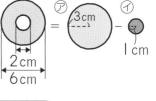

⑦の面積＝ [⓭] × [⓮] ×3.14＝ [⓯] （cm²）

⑦の面積＝ [⓰] × [⓱] ×3.14＝ [⓲] （cm²）

よって，底面積は， [⓳] − [⓴] = [㉑] （cm²）なので，

立体の体積＝ [㉒] × [㉓] = [㉔] （cm³）
　　　　　　　底面積　　　高さ

基本練習

1 次の立体の体積を求めましょう。

(1)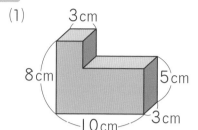
3cm
8cm
5cm
3cm
10cm

(2)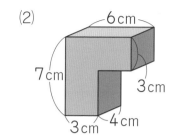
6cm
7cm
3cm
3cm
4cm

[   ]   [   ]

(3)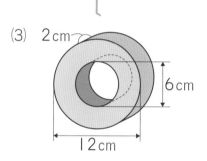
2cm
6cm
12cm

(4)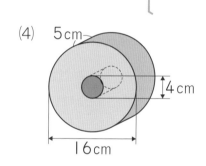
5cm
4cm
16cm

[   ]   [   ]

(5)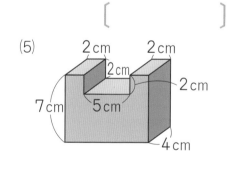
2cm 2cm
2cm
2cm
7cm
5cm
4cm

(6)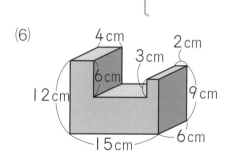
4cm 2cm
3cm
6cm
12cm
9cm
15cm
6cm

[   ]   [   ]

😊 できなかった問題は，復習しよう。

27 およその大きさを求めよう

→ 答えは別冊8ページ

問題 1 右の図のような形をした湖の
およその面積を求めましょう。

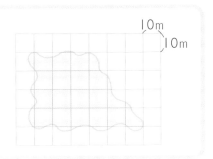

まず，湖の形がどのような図形に似ているかを考え，
その図形の面積の公式にあてはめましょう。

湖の形は [①　　　] に似ているので，

辺の長さを調べて面積の公式にあてはめます。

上底を30m，下底を [②　] m，

高さを [③　] mとみます。

面積は，([④　] + [⑤　]) × [⑥　] ÷ [⑦　]

台形の面積は，
（上底＋下底）×高さ÷2

= [⑧　　　] (m²)より，約 [⑨　　　] m²です。

問題 2 右のティッシュ箱のおよその
体積を求めましょう。

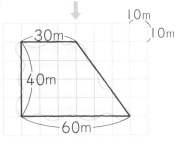

問題1と同様に，ティッシュ箱のおよその形を考えます。

ティッシュ箱は [⑩　　　] に似ています。

縦を [⑪　] cm，横を [⑫　] cm，高さを [⑬　] cmとして，直方体の体積を求めると，

[⑭　] × [⑮　] × [⑯　] = [⑰　　　] (cm³)より，約 [⑱　　　] cm³です。

1 右の図のような形をした島があります。

(1) この島は，およそどんな形とみられますか。

〔　　　　　　〕

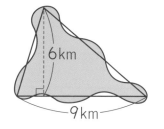

(2) この島の面積は，およそ何km²ですか。

〔　　　　　　〕

2 右の図のような形をしたプールがあり，プールの深さはどこも0.7mです。プールに入る水の体積は，およそ何m³ですか。

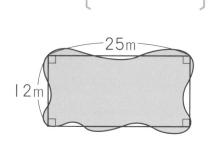

〔　　　　　　〕

3 右の図のような形をしたずかんがあります。

(1) この本はおよそどんな形とみられますか。

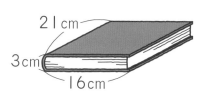

〔　　　　　　〕

(2) この本の体積は，およそ何cm³ですか。

〔　　　　　　〕

☺ できなかった問題は，復習しよう。

復習テスト ❺

1

次の円の面積を求めましょう。 　　　　　　　　　　　　【各5点　計10点】

(1)
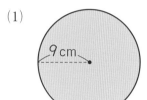

(2)

〔　　　　　　　　　　〕 　　　　〔　　　　　　　　　　〕

2

次の図形の面積を求めましょう。 　　　　　　　　　　　　【各10点　計20点】

(1) 円周の長さが62.8cmの円

(2)
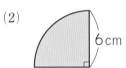

〔　　　　　　　　　　〕 　　　　〔　　　　　　　　　　〕

3

次の図形で，色をつけた部分の面積を求めましょう。 　　　　【各10点　計20点】

(1)
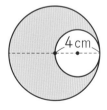

(2)
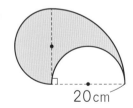

〔　　　　　　　　　　〕 　　　　〔　　　　　　　　　　〕

答えは別冊14ページ

学習日	得点
月　　　日	／100点

4 次の角柱や円柱の体積を求めましょう。　【各5点　計10点】

(1)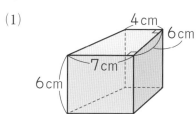

〔　　　　　　　　〕

(2)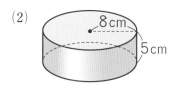

〔　　　　　　　　〕

5 次の立体の体積を求めましょう。　【各10点　計20点】

(1)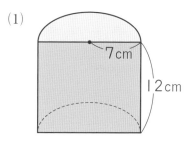

〔　　　　　　　　〕

(2)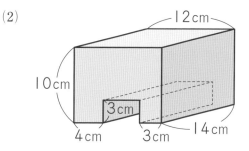

〔　　　　　　　　〕

6 右の図のような形をした池があります。次の
問題に答えましょう。　【各10点　計20点】

(1) この池の面積は，およそ何m²ですか。

〔　　　　　　　　〕

(2) この池の深さはどこも1.5mだそうです。この池に入る水の体積は，およそ
何m³ですか。

〔　　　　　　　　〕

28 比例について調べよう

→ 答えは別冊8ページ

ポイント

y が x に比例するとき，

● x の値が ■ 倍になると，それに対応する y の値も ■ 倍になる。

● $y \div x$ の商は，いつも決まった数になる。

　➡ 比例の関係を表す式…$y =$ 決まった数 $\times x$

問題 1 右の表は，同じ針金の長さ x m と重さ y g の関係を表したものです。

(1) y は x に比例していますか。

(2) y を x の式で表しましょう。

長さx(m)	1	2	3	4
重さy(g)	15	30	45	60

(1) 表を横に見ると，x の値が2倍，$\dfrac{3}{4}$ 倍になると，y の値は，それぞれ

❶ □ 倍，❷ □ 倍になります。x の値が ■ 倍になると y の値も ■ 倍になるので，y は x に比例しています。

2倍　　　　$\dfrac{3}{4}$倍

長さx(m)	1	2	3	4
重さy(g)	15	30	45	60

□倍　　　　□倍

(2) 表を縦に見て，y の値を x の値でわります。　$30 \div 15 = 2$　　$45 \div 60 = \dfrac{3}{4}$

長さx(m)	1	2	3	4
重さy(g)	15	30	45	60

決まった数は，針金1mの重さを表しているね。

$y \div x$ の商 ➡ ❸ □ 　❹ □ 　❺ □ 　❻ □

$y \div x$ の商は，いつも**決まった数**になるので，

決まった数　　　　　　　決まった数

$y \div x =$ ❼ □ 　　y を x の式で表すと　　$y =$ ❽ □ $\times$ ❾ □

1 下の表は，正方形の1辺の長さ$x$cmとまわりの長さ$y$cmの関係を表したものです。次の問題に答えましょう。

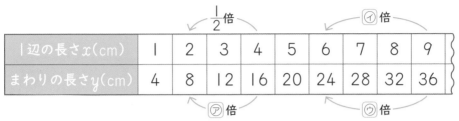

1辺の長さx(cm)	1	2	3	4	5	6	7	8	9
まわりの長さy(cm)	4	8	12	16	20	24	28	32	36

(1) ㋐，㋑，㋒にあてはまる数を書きましょう。

㋐ 〔   〕　㋑ 〔   〕　㋒ 〔   〕

(2) yはxに比例していますか。

〔   〕

(3) yをxの式で表しましょう。

〔   〕

2 1mあたり50円のリボンがあります。リボンの長さをxm，代金をy円として，次の問題に答えましょう。

(1) yをxの式で表しましょう。

〔   〕

(2) yはxに比例していますか。

〔   〕

(3) 下の表は，xとyの関係を表したものです。表のあいているところにあてはまる数を書きましょう。

長さx(m)	1	2	3	4	5	6
代金y(円)	50					

😊 できなかった問題は，復習しよう。

29 比例のグラフをかいてみよう

→ 答えは別冊9ページ

問題① 分速20mで走るソーラーカーの走る時間をx分，進む道のりをymとして，xとyの関係をグラフに表しましょう。

① xとyの関係を式に表します。

| 道のり | = | 速さ | × | 時間 |

$$y = \boxed{❶} \times x$$

② ①の式のxに数をあてはめて，yの値を求め，表にまとめます。

時間x(分)	0	1	2	3	4	5
道のりy(m)	❷	20	40	❸	❹	100

↑ 20×0 ⑦
↑ 20×1 ⑦
↑ 20×2 ⑦
↑ 20×3 ⑨
↑ 20×4 ⑦
↑ 20×5 ⑦

③ 次のようにして，グラフをかきます。
- 横軸にxの値を，縦軸にyの値をとる。

⬇

- ②の表の，xとyの値の組を表す点を方眼の上にとる。
（方眼の⑦〜⑦の点）

⬇

- 点を順に直線でつなぐ。

右のように，比例する2つの数量の関係を表すグラフは，**直線**になり，横軸と縦軸が交わる ❺ $\boxed{}$ **の点を通る**ことがわかります。

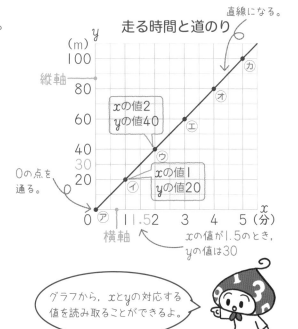

走る時間と道のり

直線になる。

0の点を通る。

xの値2 yの値40

xの値1 yの値20

横軸

xの値が1.5のとき，yの値は30

グラフから，xとyの対応する値を読み取ることができるよ。

1 1mあたりの重さが4kgの鉄の棒（ぼう）があります。この鉄の棒の長さをxm，重さを$y$kgとして，次の問題に答えましょう。

(1) yをxの式で表しましょう。

[　　　　　　　　]

(2) yはxに比例していますか。

[　　　　　　　　]

(3) xとyの対応する値を，下の表に書きましょう。

長さx(m)	1	2	3	4	5
重さy(kg)					

(4) xとyの関係を右のグラフに表しましょう。

(5) 鉄の棒の長さが2.5mのときの重さをグラフから読み取りましょう。

[　　　　　]

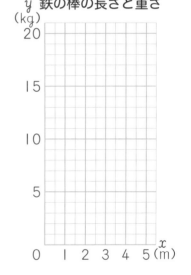

y 鉄の棒の長さと重さ
(kg)

2 次のグラフのうち，ともなって変わる2つの量が比例するものを選んで，記号で答えましょう。

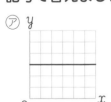 ㋐ y

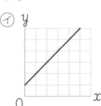 ㋑ y

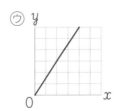 ㋒ y

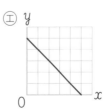 ㋓ y

[　　　　　　　　]

😊 できなかった問題は，復習しよう。

30 比例を使って問題を解こう

→ 答えは別冊9ページ

問題1 画用紙10枚の重さをはかったら，72gありました。
この画用紙を500枚用意するには，何g分の画用紙があればよいですか。

枚数x（枚）	10	500
重さy（g）	72	□

画用紙の重さは枚数に比例することを利用して，500枚分の
画用紙の重さを求めます。

解き方1

まず，表を縦に見て，画用紙1枚の重さを求めます。

枚数x（枚）	10	500
重さy（g）	72	□

画用紙10枚の重さが❶[　]gだから，

画用紙1枚の重さは，

❷[　]÷10=❸[　]（g）

画用紙500枚の重さは，画用紙1枚の
重さの500倍だから，

❹[　]×500=❺[　]（g）

7.2は決まった数だから，
比例の式に表すと，
y=7.2×xになるね。

解き方2

まず，表を横に見て，500枚が10枚の何倍かを求めると，

■倍

枚数x（枚）	10	500
重さy（g）	72	□

■倍

→ 500÷10=❻[　]（倍）

→ 重さも72gの❼[　]倍になります。

比例の関係では，
xの値が■倍に
なると，yの値も
■倍になる。

したがって，画用紙500枚の重さは，72×❽[　]=❾[　]（g）

基本練習

1 同じ種類のくぎ20本の重さをはかった
ら，48gありました。
このくぎ320本の重さが何gになるか
を考えます。

本数x（本）	20	320
重さy（g）	48	□

(1) くぎ1本の重さを求めて解きます。

① くぎ1本の重さは何gですか。

〔   〕

② くぎ320本の重さは何gですか。

〔   〕

(2) 本数が何倍になっているかを求めて解きます。

① 320本は，20本の何倍ですか。

〔   〕

② くぎ320本の重さは何gですか。

〔   〕

2 **1**のくぎが何本かあります。全体の重さ
をはかったら，1200gありました。
くぎは全部で何本あるかを求めましょう。

本数x（本）	20	□
重さy（g）	48	1200

〔   〕

☺ できなかった問題は，復習しよう。

31 反比例とは？

➡ 答えは別冊9ページ

ポイント

- ともなって変わる2つの数量 x，y があって，x の値が2倍，3倍，…になると，y の値が $\dfrac{1}{2}$ 倍，$\dfrac{1}{3}$ 倍，…になるとき，y は x に反比例するという。

- y が x に反比例するとき，$x \times y$ の積は，いつも決まった数になる。
  ➡ 反比例の関係を表す式… $y ＝$ 決まった数 $÷ x$

問題 ❶ 右の表は，面積が24cm²の長方形の，縦の長さ x cmと横の長さ y cmを表したものです。

縦x(cm)	1	2	3	4
横y(cm)	24	12	8	6

⑴　y は x に反比例していますか。

⑵　y を x の式で表しましょう。

⑴ 表を横に見て，x の値が2倍，3倍，…に

なると，y の値は　❶ ☐ 倍，❷ ☐ 倍，…に
12÷24　　　　　　　　　　　　8÷24

なるので，y は x に反比例しています。

⑵ 表を縦に見て，$x \times y$ の積を求めます。

縦x(cm)	1	2	3	4
横y(cm)	24	12	8	6
	↓	↓	↓	↓

$x \times y$ の積 ➡ ❸ ☐　❹ ☐　❺ ☐　❻ ☐

$x \times y$ の積は，いつも決まった数になるので，

決まった数　　　　　　　　　　　　　　決まった数
$x \times y ＝$ ❼ ☐ ──y を x の式で表すと──→ $y ＝$ ❽ ☐ $÷$ ❾ ☐

決まった数は，長方形の面積を表しているね。

基本練習

1 下の表は，60cmのリボンをx人で等分したときの，1人分の長さ$y$cmを表したものです。次の問題に答えましょう。

人数x（人）	1	2	3	4	5	6
1人分の長さy（cm）	60	30	20	15	12	10

(1) ⑦，④，⑦にあてはまる数を書きましょう。

⑦ [   ]   ④ [   ]   ⑦ [   ]

(2) yはxに反比例していますか。

[   ]

(3) yをxの式で表しましょう。

[   ]

(4) xの値が10のときのyの値を求めましょう。

[   ]

(5) yの値が7.5のときのxの値を求めましょう。

[   ]

2 下の表は，長さ25cmの線こうの，燃えた長さ$x$cmと残りの長さ$y$cmの関係を表したものです。yはxに反比例していますか。

燃えた長さx（cm）	1	2	3	4	5	6
残りの長さy（cm）	24	23	22	21	20	19

[   ]

😊 できなかった問題は，復習しよう。

32 反比例のグラフを調べよう

→ 答えは別冊9ページ

> **問題 ①** 76ページの問題①で調べた「面積が24cm²の長方形の縦の長さ$x$cmと横の長さ$y$cmの関係」をグラフに表しましょう。

① 76ページで求めた反比例の式 $y=24÷x$ のxに数をあてはめて，yの値を求め，表にまとめます。

縦x(cm)	1	2	3	4	5	6	8	10	12	24
横y(cm)	24	12	8	6	4.8	❶	❷	2.4	❸	❹

↑ 24÷1 ㋐
↑ 24÷2 ㋑
↑ 24÷3 ㋒
↑ 24÷4 ㋓
↑ 24÷5 ㋔
↑ 24÷6 ㋕
↑ 24÷8 ㋖
↑ 24÷10 ㋗
↑ 24÷12 ㋘
↑ 24÷24 ㋙

② ①の表から，対応するx，yの値の組を表す点を，下の方眼にかきます。

面積が24cm²の長方形の縦と横の長さ

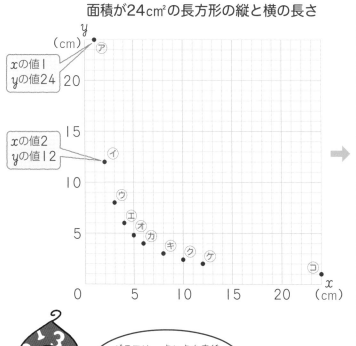

xの値1　yの値24

xの値2　yの値12

グラフは，点と点を直線でつないでも，つながなくてもいいよ。

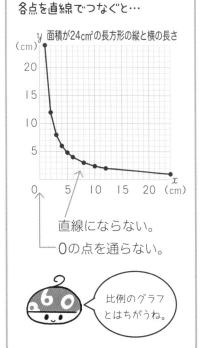

各点を直線でつなぐと…

面積が24cm²の長方形の縦と横の長さ

直線にならない。

0の点を通らない。

比例のグラフとはちがうね。

1 6kmの道のりを進むときの，時速$x$kmとかかる時間y時間の関係を調べます。次の問題に答えましょう。

(1) yをxの式で表しましょう。

[   ]

(2) xとyの対応する値を，下の表に書きましょう。

時速 x(km)	1	2	3	4	5	6
時間y(時間)						

(3) 対応するx, yの値の組を表す点を，右の方眼にかきましょう。

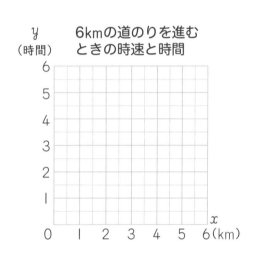

6kmの道のりを進むときの時速と時間

☺ できなかった問題は，復習しよう。

算数力アップ 点をさらに細かくとると…

左ページの**問題1**の反比例のグラフで，点をさらに細かくとると，右のように，**なめらかな曲線**になります。

反比例のグラフは，中学校の数学でくわしく勉強するよ。

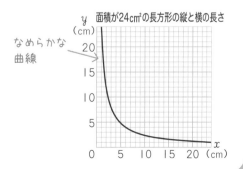

面積が24cm²の長方形の縦と横の長さ

なめらかな曲線

9章 比例と反比例

1 次の表で，yがxに比例しているものと反比例しているものをそれぞれ選んで，記号で答えましょう。 〔各12点 計24点〕

⑦

x(本)	1	2	4	5
y(cm)	16	8	4	3.2

⑦

x(L)	2	4	6	8
y(g)	6	8	10	12

⑨

x(m)	0.6	0.8	1	1.2
y(m)	1.4	1.2	1	0.8

⑨

x(個)	2	4	6	8
y(kg)	1	2	3	4

比例しているもの…〔　　　　　〕　　反比例しているもの…〔　　　　　〕

2 下の表は，底辺の長さが4cmの三角形の，高さ$x$cmと面積$y$cm²の関係を表したものです。次の問題に答えましょう。 〔各14点 計42点〕

高さx (cm)	1	2	3	4	5	6
面積y (cm²)	2	4	6	8	10	12

面積 $y$cm²
$x$cm
4 cm

(1) yをxの式で表しましょう。

〔　　　　　〕

(2) xとyの関係を，右のグラフに表しましょう。

三角形の高さと面積

(cm²)y

(3) 右のグラフから，高さが3.5cmのときの面積を求めましょう。

〔　　　　　〕

→ 答えは別冊14ページ

学習日	得点
月　　日	／100点

3 右の表は，水そうがいっぱいになるまで水を入れるときの，1分間に入れる水の量xLとかかる時間y分との関係を表したものです。

yをxの式で表しましょう。

〔17点〕

水の量x（L）	1	2	3	4
時間y（分）	36	18	12	9

〔　　　　　　　　　〕

4 同じ厚さのベニヤ板を20枚重ねて厚さをはかったら，6cmありました。

このベニヤ板を140枚用意するには，全部重ねたときの板の厚さが何cmあればよいですか。

〔17点〕

枚数x（枚）	20	140
厚さy（cm）	6	□

〔　　　　　　　　　〕

算数力アップ **2本の直線のグラフから読み取ろう**

右のグラフは，兄と弟が同時に同じ場所から出発したときの，歩いた時間と道のりを表したものです。2本の直線のグラフから，いろいろなことが読み取れます。

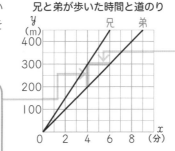

兄と弟が歩いた時間と道のり

300mの地点を兄が通過してから，弟が通過するまでの時間は，6－4＝2（分）

- 4分間に歩いた道のりは，兄のほうが長い ➡ 兄のほうが速い。
- 出発してから4分後に，兄と弟は，300－200＝100(m)はなれている。

081

学習日

月　　　日

33 平均値と最頻値を調べよう

→ 答えは別冊10ページ

ポイント

● 集団のデータの平均を平均値(へいきんち)といい，データを比べるのに使うことがある。

● データをドットプロットに表すと，ちらばりのようすがわかる。

● データの中で，最も多く出てくる値(あたい)を最頻値(さいひんち)，またはモードという。

問題 1 下の表は，A班(エーはん)とB班(ビー)のあく力の記録です。

あく力の記録　　　　　　　　　　　　　　　　(kg)

A班	①19	②24	③14	④26	⑤17	⑥19	⑦21	⑧18	⑨21	⑩19
B班	①20	②22	③24	④19	⑤21	⑥16	⑦20	⑧22		

(1) どちらの班の記録がよかったかを，平均値を求めて調べましょう。

(2) A班のデータをドットプロットに表し，最頻値を求めましょう。

(1) 平均値＝データの値の合計÷データの個数　で求められるから，

A班のデータ の平均値

$(19+24+14+26+17+19+21+18+21+19) \div 10$

$= \boxed{} \div 10 = \boxed{}$ (kg)

B班のデータ の平均値

$(20+22+24+19+21+16+20+22) \div 8$

$= \boxed{} \div 8 = \boxed{}$ (kg)

データの平均値から，$\boxed{}$ 班のほうが記録がよいといえます。

(2) 右のように，A班のデータを数直
線の上にドット(点)で表した図を，
ドットプロットといいます。この図
から，A班のあく力の最頻値は $\boxed{}$ kgです。

最も多く出てくる値が最頻値。
複数ある場合は，すべて最頻値になる。

1 右の表は，A班とB班の反復横とびの記録を表したものです。次の問題に答えましょう。

反復横とびの記録（回）

A班		B班	
①39	②44	①45	②40
③40	④36	③43	④47
⑤45	⑥42	⑤37	⑥43
⑦37	⑧40	⑦44	⑧47
⑨44	⑩45	⑨43	⑩41
⑪48	⑫44		

(1) A班とB班のデータの平均値をそれぞれ求めましょう。

A班 〔　　　　　〕

B班 〔　　　　　〕

(2) (1)から考えて，記録がよいといえるのはどちらの班ですか。

〔　　　　　〕

(3) A班とB班のデータを，下のドットプロットに表しましょう。

A班

B班

(4) (3)のドットプロットから，A班とB班の記録の最頻値を求めましょう。

A班 〔　　　　　〕

B班 〔　　　　　〕

(5) 最頻値のほうが平均値よりも高いのは，どちらの班ですか。

〔　　　　　〕

😊 できなかった問題は，復習しよう。

学習日　月　日

34 ちらばりのようすを表に整理しよう

→ 答えは別冊10ページ

問題❶ 右の図は、男子20人のソフトボール投げの記録をドットプロットに表したものです。

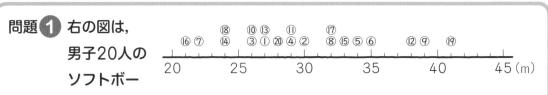

(1) きょりを5mずつに区切って、度数分布表に表しましょう。

(2) 30m未満の人は何人いますか。

(3) 30m以上35m未満の人数は、男子全体の人数の何%ですか。

---

(1) 各区間に入る人数を調べると、

20m以上25m未満…4人

25m以上30m未満…7人

30m以上35m未満…5人

35m以上40m未満…3人

40m以上45m未満…1人

この人数を右の表に書きます。このようにして整理した表を**度数分布表**といい、区切った1つ1つの区間を**階級**といいます。

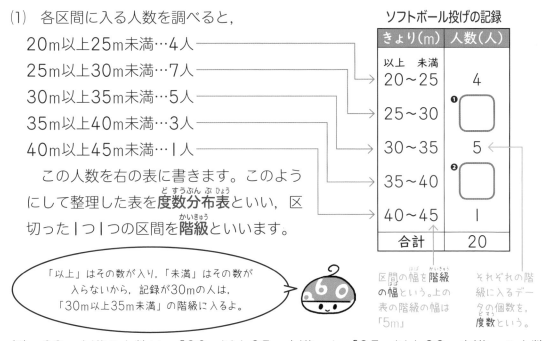

ソフトボール投げの記録

きょり(m)	人数(人)
以上　未満	
20〜25	4
❶ 25〜30	⬜
30〜35	5
❷ 35〜40	⬜
40〜45	1
合計	20

「以上」はその数が入り、「未満」はその数が入らないから、記録が30mの人は、「30m以上35m未満」の階級に入るよ。

区間の幅を**階級の幅**という。上の表の階級の幅は「5m」

それぞれの階級に入るデータの個数を、**度数**という。

(2) 30m未満の人数は、「20m以上25m未満」と「25m以上30m未満」の人数の合計だから、❸⬜ + ❹⬜ = ❺⬜（人）

(3) 30m以上35m未満の人数は5人で、男子全体の人数は20人だから、
　　　　　　　　　　　　比べられる量　　　　　　　　　　　　もとにする量

割合は、❻⬜ ÷ ❼⬜ = ❽⬜ → ❾⬜ ％

割合＝比べられる量÷もとにする量

基本練習

1 下の表は，6年1組の児童の片道の通学時間をまとめたものです。これを，右の度数分布表に整理します。次の問題に答えましょう。

片道の通学時間　　　　　　（分）

3	21	5	8	11	4	10	6	3	8
11	15	4	7	17	6	12	2	10	7
5	14	27	23	9	14				

片道の通学時間

時間（分）	人数（人）
以上　未満 0～ 5	
5～10	
10～15	
15～20	
20～25	
25～30	
合計	

(1) 右の度数分布表の，階級の幅は何分ですか。

[　　　　　　　]

(2) 右の度数分布表に，人数を書きましょう。

2 右の度数分布表は，たくみさんの組の児童全員の1週間の家庭学習の時間をまとめたものです。次の問題に答えましょう。

(1) たくみさんの家庭学習の時間は4時間でした。何時間以上何時間未満の階級に入っていますか。

[　　　　　　　]

家庭学習の時間

時間（時間）	人数（人）
以上　未満 2 ～ 3	3
3 ～ 4	4
4 ～ 5	8
5 ～ 6	9
6 ～ 7	5
7 ～ 8	1
合　計	30

(2) 家庭学習が6時間以上の人は何人いますか。

[　　　　　　　]

(3) 家庭学習が5時間以上6時間未満の人数は，組全体の人数の何％ですか。

[　　　　　　　]

😊 できなかった問題は，復習しよう。

35 ちらばりのようすをグラフに表そう

→ 答えは別冊10ページ

問題❶ 右のグラフは，6年1組の男子の体重を5kg ずつの階級に分け，その階級に入る人数をまとめたものです。

(1)　6年1組の男子の人数は，何人ですか。

(2)　人数がいちばん多いのは，どの階級ですか。

(3)　体重の軽いほうから数えて6番めの人は，どの階級に入りますか。

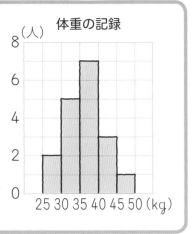

体重の記録

下のようなグラフを**ヒストグラム**，または，**柱状グラフ**といいます。ヒストグラムに表すと，全体のちらばりのようすが見やすくなります。

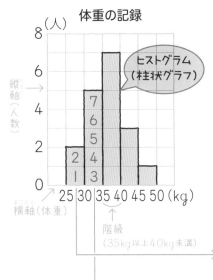

体重の記録

ヒストグラム（柱状グラフ）

縦軸（人数）
横軸（体重）

階級（35kg以上40kg未満）

(1)　男子の人数は，各階級の人数の合計だから，グラフの各階級の人数を左から順にたして，

$$2 + \boxed{}^{❶} + 7 + \boxed{}^{❷} + 1 = \boxed{}^{❸}（人）$$

(2)　人数がいちばん多いのは，グラフの長方形の縦の長さがいちばん長い階級だから，

$\boxed{}^{❹}$ kg以上 $\boxed{}^{❺}$ kg未満の階級

(3)　軽いほうから順に数えると，

25kg以上30kg未満…2人　←1.2番めの人

30kg以上35kg未満… $\boxed{}^{❻}$ 人　←3.4.5.6. 7番めの人

ヒストグラムのかき方は，右ページの「算数力アップ」を見よう。

だから，6番めの人は，$\boxed{}^{❼}$ kg以上 $\boxed{}^{❽}$ kg未満の階級に入ります。

基本練習

1 右のヒストグラムは，はるかさんの組の女子の50m走の結果を表したものです。次の問題に答えましょう。

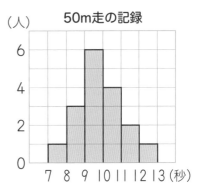

(人) 50m走の記録

(1) はるかさんの組の女子の人数は，何人ですか。

〔　　　　　　　　　〕

(2) 人数がいちばん多いのは，どの階級ですか。

〔　　　　　　　　　　　　　　　〕

(3) (2)の階級の人数は，女子全体の人数のおよそ何％ですか。答えは四捨五入して，整数で求めましょう。

〔　　　　　　　　　　　　　　〕

(4) はるかさんの記録は，記録のよいほうから数えて4番めです。はるかさんの記録は，どの階級に入っていますか。

〔　　　　　　　　　　　　　　〕

☺ できなかった問題は，復習しよう。

算数力アップ ヒストグラムのかき方

82ページ問題❶のドットプロットに表したA班のあくりょくの記録を，まず度数分布表に整理し，それをヒストグラムに表すと，右のようになります。

A班のあく力の記録

あく力(kg)		人数(人)
以上	未満	
10 ~ 15		1❶
15 ~ 20		5❷
20 ~ 25		3❸
25 ~ 30		1❹
合　計		10

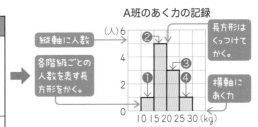

A班のあく力の記録

縦軸に人数

各階級ごとの人数を表す長方形をかく。

長方形はくっつけてかく。

横軸にあく力

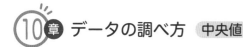
36 中央値を調べよう

→ 答えは別冊10ページ

ポイント

データの値を大きさの順に並べたときの中央の値を，中央値，または
メジアンという。

問題1 下の表は，A班とB班の人が1か月に読んだ本の冊数を表したものです。

それぞれの班のデータの中央値を求めましょう。

1か月に読んだ本の冊数　　　　　（冊）

A班	5	11	6	3	13	8	9	
B班	13	5	4	8	10	21	6	5

データの値を大きさの順に並べたとき，中央値は，次のようになります。

● データの数が奇数…ちょうど真ん中の値

● データの数が偶数…中央の2つの値の平均値

A班，B班のデータの値をそれぞれ小さい順に並べて，中央値を求めます。

A班のデータの数は7で，奇数だから，

中央値は ❶ [ ] 冊
　　真ん中の値

（7+1）÷2＝4より，
真ん中の値は，左または
右から4番め。

〔A班のデータ〕

3　5　6　⑧　9　11　13
　　　　　↑
　　　真ん中の値

B班のデータの数は8で，❷ [ ] だから，

中央値は，（❸ [ ] ＋ ❹ [ ]）÷2＝ ❺ [ ]（冊）
　　　　中央の2つの値の平均値

〔B班のデータ〕

4　5　5　⑥　⑧　10　13　21
　　　　　↑　↑
　　　中央の2つの値

8÷2＝4より，中央の2つの値は，
左から4番めと右から4番め。

自分の記録が真ん中より
上か下かを知りたいときは，
中央値と比べればいいね。

平均値，最頻値，中央値のように，
データの特ちょうを代表する値を
代表値といいます。

基本練習

1 下の表は，6年生10人の1日の家庭学習時間を表したものです。次の問題に答えましょう。

1日の家庭学習時間　　　　　　　(分)

80	40	30	40	90	40	100	60	30	90

(1) データの値を小さい順に並べましょう。

←小さい　　　　　　　　　　　　　　　　　　　大きい→

(2) 中央値を求めましょう。

〔　　　　　　　〕

(3) けいさんの1日の家庭学習時間は60分でした。中央値をもとにしたとき，けいさんの家庭学習時間は，10人の中では長いほうといえますか。

〔　　　　　　　〕

2 下の図は，6年生19人の1週間の運動時間をドット(●)で表したドットプロットです。最頻値と中央値を求めましょう。

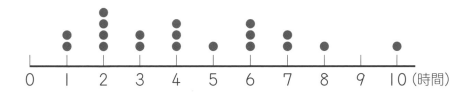

最頻値　〔　　　　　　　〕

中央値　〔　　　　　　　〕

😊 できなかった問題は，復習しよう。

37 並べ方を調べよう

→ 答えは別冊11ページ

問題❶ しんやさん，ひかるさん，こうたさんの3人でリレーのチームをつくります。3人の走る順番は，全部で何通りありますか。

3人の名前を⓵，ⓗ，ⓒとして，走る順番を考えます。
第1走者を決めて，次に，第2，第3走者の順に決めて，
下のような図に表します。

下のような図を，樹形図というよ。

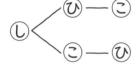 第1走者が⓵のとき

第1　　第2　　第3

 第1走者が ⓗ のとき

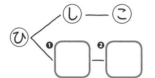

第1走者が ⓒ のとき

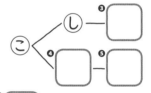

第1走者が⓵，ⓗ，ⓒのときの順番の決め方は，それぞれ ❻ 通りあるので，

走る順番の決め方は，全部で，❼ ☐ ＋ ❽ ☐ ＋ ❾ ☐ ＝ ❿ ☐ （通り）

問題❷ 1枚のコインを3回続けて投げたときの表と裏の出方は，全部で何通りありますか。

表　　　裏

コインの表を〇，裏を●として，表と裏の出方を樹形図に表すと，右の図のようになります。
1回めが表のときと裏のときで，表と裏の出方はそれぞれ⓫ ☐ 通りあるので，出方は全部で，

⓬ ☐ ＋ ⓭ ☐ ＝ ⓮ ☐ （通り）

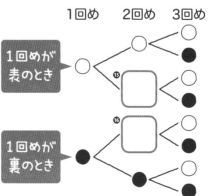

1回め　2回め　3回め

1回めが表のとき

⓯

1回めが裏のとき

⓰

基本練習

1 右の4枚の数字カードから3枚選んで，3けたの
整数をつくります。次の問題に答えましょう。

(1) 百の位をⅠと決めたとき，何
通りの整数ができるかを調べま
す。右の樹形図の続きをかいて，
できる整数を書きましょう。

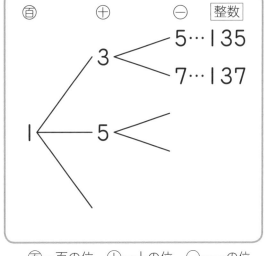

（百）…百の位　（十）…十の位　（一）…一の位

(2) 百の位をⅠと決めたとき，
何通りの整数ができますか。

〔　　　　　　　〕

(3) 全部で何通りの整数ができるかを求めましょう。

〔　　　　　　　〕

😊 できなかった問題は，復習しよう。

算数力アップ 0に気をつけよう！

右の4枚の数字カードのうち，2枚選んで2けたの整数をつくります。
このとき，十の位には0を置けないことに気をつけましょう。

2 4 6 0

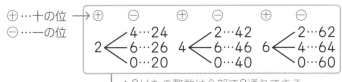

38 組み合わせを調べよう

➡ 答えは別冊11ページ

> **問題❶** A，B，C，Dの4チームで野球の試合をします。どのチームとも1回ずつ試合をすると，組み合わせは全部で何通りありますか。

2つを選ぶ組み合わせは，右のような表を使って調べることができます。

● 試合をする組み合わせのところに○を書きます。

● AとAのように，同じチームの組み合わせはないので，斜線で消します。

● BとAの組み合わせは，Aと❷□の組み合わせと同じなので，○は書きません。

表に書かれた○の数から，試合の組み合わせは，全部で❸□通りあります。

AとBの組み合わせ

Aと❶□の組み合わせ

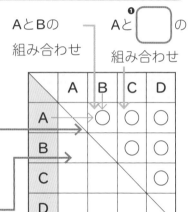

	A	B	C	D
A		○	○	○
B			○	○
C				○
D				

> 90ページの「並べ方」だと，A−BとB−Aはちがうものだけど，「組み合わせ」だと同じなんだね。

別の解き方1

下の図では，矢印のもとと先が試合の組み合わせを表します。

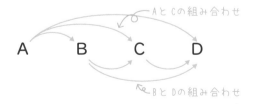

AとCの組み合わせ

A　　B　　C　　D

BとDの組み合わせ

矢印の数は全部で❹□本 ➡ 試合の組み合わせは，全部で6通りあります。

別の解き方2

下の図では，四角形ABCDの辺と対角線が試合の組み合わせを表します。

AとBの組み合わせ　　BとDの組み合わせ

辺と対角線の数は全部で❺□本

➡ 試合の組み合わせは，全部で6通りあります。

基本練習

1 りんご，みかん，もも，かき，ぶどう
の5種類の果物（くだもの）から，何種類か選んで
買います。次の問題に答えましょう。

(1) 2種類選ぶときの組み合わせが何通りある
か調べます。

① りんごを⑰，みかんを㋯，ももを㋲，か
きを㋕，ぶどうを㋫として，右の表で，選
ぶ2種類の組み合わせのらんに○を書きま
しょう。

	⑰	㋯	㋲	㋕	㋫
⑰		○			
㋯					
㋲					
㋕					
㋫					

② 2種類選ぶときの組み合わせは，全部で何通りありますか。

[   ]

(2) 4種類選ぶときの組み合わせが何通りあるか調べます。

① 下の**表1**で，選ぶ4種類の組み合わせのらんに○を書きましょう。

② 下の**表2**で，買わない1種類の果物のらんに×を書きましょう。

表1

⑰	㋯	㋲	㋕	㋫
○	○	○	○	
○	○	○		○

表2

⑰	㋯	㋲	㋕	㋫
				×

③ 4種類選ぶときの組み合わせは，全部で何通りありますか。

[   ]

☺ できなかった問題は，復習しよう。

1 下の表は，れんさんの組の男子の立ちはばとびの記録です。次の問題に答えましょう。【各10点　計30点】

立ちはばとびの記録　　　　（cm）

①140	②182	③157	④169	⑤148	⑥173
⑦168	⑧164	⑨177	⑩136	⑪162	⑫174
⑬151	⑭171	⑮155	⑯166		

立ちはばとびの記録

きょり（cm）	人数（人）
以上　　　未満 130 ～ 140	
140 ～ 150	
150 ～ 160	
160 ～ 170	
170 ～ 180	
180 ～ 190	
合　計	

(1) 立ちはばとびの記録を，右の度数分布表に整理しましょう。

(2) 度数分布表をもとにして，ヒストグラムに表しましょう。

(3) 170cm以上180cm未満の人数は，男子全体の人数の何％ですか。

〔　　　　　　　〕

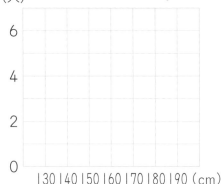

（人）　立ちはばとびの記録

2 右のグラフは，ゆいさんの組の女子のソフトボール投げの記録です。次の問題に答えましょう。

【各10点　計20点】

(1) ゆいさんの記録は15.4mでした。何m以上何m未満の階級に入っていますか。

〔　　　　　　　〕

(2) 20m以上投げた人は何人いますか。

〔　　　　　　　〕

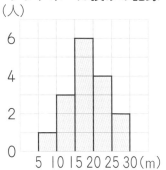

ソフトボール投げの記録
（人）

→ 答えは別冊15ページ

学習日		得点
月	日	／100点

3

下の図は，20人がゲームをしたときの得点をドットプロットに表したものです。全員の得点の合計は150点でした。平均値，最頻値，中央値を求めましょう。

【各10点　計30点】

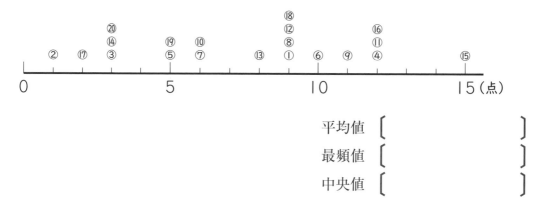

平均値　〔　　　　　　　〕

最頻値　〔　　　　　　　〕

中央値　〔　　　　　　　〕

4

右の図のように，4つの部分に分かれている旗を，赤，青，黄，緑の4つの色を全部使ってぬり分けます。ぬり方は全部で何通りありますか。　【10点】

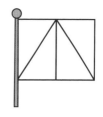

〔　　　　　　　〕

5

バニラ，メロン，オレンジ，いちご，チョコレートの5種類のアイスクリームの中から2種類選びます。選び方は，全部で何通りありますか。　【10点】

〔　　　　　　　〕

小6算数をひとつひとつわかりやすく。 改訂版

編集協力
㈲オフサイド，㈱ダブルウィング

カバーイラスト・シールイラスト
坂木浩子

本文イラスト
momo irone，あわい

ブックデザイン
山口秀昭（Studio Flavor）

DTP
㈱明昌堂

データ管理コード：23-2031-3941（CC2019）

小6算数を
ひとつひとつわかりやすく。
［改訂版］

解答と解説

 軽くのりづけされているので，
外して使いましょう。

Gakken

01 2つに折って重なる形

本文6〜7ページ

6ページの答え

①E ②ED ③ED ④F ⑤F

基本練習 7ページ

1 右下の図は線対称な図形で，直線アイは対称の軸です。次の問題に答えましょう。

(1) 点Cに対応する点はどれですか。

〔 点G 〕

(2) 辺GHに対応する辺はどれですか。

〔 辺CD 〕

(3) 角Bと等しい大きさの角はどれですか。

〔 角H 〕

(4) 直線DFの長さが8cmのとき，直線DIの長さは何cmですか。

8÷2＝4（cm）

〔 4cm 〕

2 右の図は線対称な図形で，直線アイは対称の軸です。次の問題に答えましょう。

(1) 点Gに対応する点はどれですか。

〔 点C 〕

(2) 辺BCに対応する辺はどれですか。

〔 辺HG 〕

(3) 角Fと等しい大きさの角はどれですか。

〔 角D 〕

(4) 直線HIの長さが6cmのとき，直線BIの長さは何cmですか。

HI＝BI

〔 6cm 〕

02 線対称な図形をかこう

本文8〜9ページ

8ページの答え

①B

基本練習 9ページ

1 下の図で，直線アイが対称の軸になるように線対称な図形をかきましょう。

(1)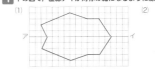

(2)

各点から対称の軸に垂直な直線をひく。

(3)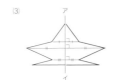

(4)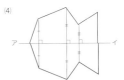

03 回転させて重なる図形

本文10〜11ページ

10ページの答え

①D ②EF ③EF ④C ⑤C

基本練習 11ページ

1 右下の図は点対称な図形で，点Oは対称の中心です。次の問題に答えましょう。

(1) 点Bに対応する点はどれですか。

〔 点F 〕

(2) 角Aに対応する角はどれですか。

〔 角E 〕

(3) 辺DEと長さの等しい辺はどれですか。

〔 辺HA 〕

(4) 直線DOの長さが6cmのとき，直線DHの長さは何cmですか。

6×2＝12（cm）

〔 12cm 〕

2 右下の図は点対称な図形で，点Oは対称の中心です。次の問題に答えましょう。

(1) 点Cに対応する点はどれですか。

〔 点H 〕

(2) 角Aの大きさは何度ですか。

角Aに対応する角は角F

〔 55° 〕

(3) 辺JIと長さの等しい辺はどれですか。

〔 辺ED 〕

(4) 直線BOの長さが2cmのとき，直線GOの長さは何cmですか。

BO＝GO＝2cm

〔 2cm 〕

04 点対称な図形をかこう

本文12〜13ページ

12ページの答え

① 対称の中心（点O）

基本練習 13ページ

1 下の図で，点Oが対称の中心になるように点対称な図形をかきましょう。

(1)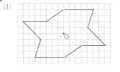

(2)

各点から対称の中心を通る直線をひく。

(3)

(4)

05 いろいろな図形と対称

 本文14〜15ページ

14ページの答え
①5 ②5 ③6 ④6 ⑤六

基本練習 15ページ

1 下の四角形について，⑴，⑵にあてはまる四角形をそれぞれ全部選んで，記号で答えましょう。

⑦ 台形　⑦ 平行四辺形　⑦ ひし形　⑤ 長方形　⑦ 正方形

⑴ 線対称で，対称の軸が2本ある図形

[⑦，⑤]

⑵ 線対称でも点対称でもある図形

[⑦，⑤，⑦]

2 右の正七角形について答えましょう。

正七角形

⑴ 正七角形は線対称な図形です。対称の軸は何本ありますか。

正多角形は線対称な
図形で，
対称の軸の数＝辺の数

[7本]

⑵ 正七角形は，点対称な図形であるかどうか答えなさい。

辺の数が偶数のとき，正多角形は
点対称な図形になる

[点対称な図形ではない。]

06 xやaを使って式に表そう

本文16〜17ページ

16ページの答え
①x ②4 ③8 ④x ⑤y ⑥8 ⑦3 ⑧5
⑨5

基本練習 17ページ

1 次の場面を，文字を使った式に表しましょう。

⑴ a円の品物を買って，100円出したときのおつり

[$100-a$(円)]

⑵ 長さxmのテープを7等分したときの1本分の長さ

[$x \div 7$(m)]

⑶ 底辺が6cmで，高さが$a$cmの平行四辺形の面積

[$6 \times a$(cm²)]

2 1辺の長さが$x$cmの正方形のまわりの長さを$y$cmとします。

⑴ xとyの関係を式に表しましょう。

$\dfrac{x+x+x+x=y}{x \times 4}$

[$x \times 4 = y$]

⑵ xの値が5のとき，対応するyの値を求めましょう。

$5 \times 4 = y$
$y = 20$

[20]

⑶ yの値が32のとき，対応するxの値を求めましょう。

$x \times 4 = 32$
$x = 32 \div 4$
$\quad = 8$

[8]

07 式が表す意味は？

 本文18〜19ページ

18ページの答え
①1 ②1 ③4 ④4 ⑤1 ⑥2 ⑦3 ⑧えん筆2本と消しゴム3個をあわせた代金　⑨えん筆1本と消しゴム5個をあわせた代金

基本練習 19ページ

1 $x \times 5 - 80$の式で表されるのは，⑦〜⑦のどれですか。

⑦ 1個xgの荷物5個を80gの箱に入れたときの全体の重さ
⑦ x円のあめ1個と80円のガム1個を1組にしたもの5組の代金
⑦ 1個x円のケーキを5個買い，80円まけてもらったときの代金

⑦ $x \times 5 + 80$，⑦ $(x+80) \times 5$ [⑦]

2 1個200円のりんごを何個か買い，500円のかごに入れてもらいます。りんごの個数と代金の関係について，次の問題に答えましょう。

⑴ りんごの個数をx個，代金の合計をy円として，xとyの関係を式に表しましょう。

りんご1個の値段×りんごの個数＋かご代＝代金の合計

[$200 \times x + 500 = y$]

⑵ ⑴の式で，xの値を3，4，5，6，…としたとき，それぞれに対応するyの値を求めましょう。

りんごの個数 x個	3	4	5	6	…
代金の合計 y円	1100	1300	1500	1700	…

⑶ ⑴の式で，xの値が9のとき，対応するyの値を求めましょう。

$200 \times 9 + 500 = 1800 + 500 = 2300$ [2300]

⑷ 3000円で，できるだけ多くのりんごを買います。りんごを何個買うことができますか。　$200 \times x + 500 = 3000$より，
$3000 - 500 = 2500$，$2500 \div 200 = 12$あまり100 [12個]

08 分数×整数の計算をしよう

 本文22〜23ページ

22ページの答え
①3 ②2 ③5 ④6 ⑤5 ⑥2 ⑦1 ⑧16

基本練習 23ページ

1 次の計算をしましょう。

⑴ $\dfrac{2}{9} \times 4 = \dfrac{2 \times 4}{9}$ ←分子に整数をかける
$\quad = \dfrac{8}{9}$

⑵ $\dfrac{5}{4} \times 2 = \dfrac{5 \times \overset{1}{2}}{\underset{2}{4}}$ ←とちゅうで約分
$\quad = \dfrac{5}{2}\left(2\dfrac{1}{2}\right)$

⑶ $\dfrac{4}{7} \times 7 = \dfrac{4 \times \overset{1}{7}}{7}$
$\quad = 4$

⑷ $\dfrac{3}{8} \times 6 = \dfrac{3 \times \overset{3}{6}}{\underset{4}{8}}$
$\quad = \dfrac{9}{4}\left(2\dfrac{1}{4}\right)$

⑸ $\dfrac{7}{5} \times 20 = \dfrac{7 \times \overset{4}{20}}{5}$
$\quad = 28$

⑹ $\dfrac{5}{16} \times 24 = \dfrac{5 \times \overset{3}{24}}{\underset{2}{16}}$
$\quad = \dfrac{15}{2}\left(7\dfrac{1}{2}\right)$

2 1dLで$\dfrac{4}{7}$m²のへいをぬることができるペンキがあります。このペンキ5dLでは，何m²のへいをぬることができますか。

$\dfrac{4}{7} \times 5 = \dfrac{4 \times 5}{7} = \dfrac{20}{7}\left(2\dfrac{6}{7}\right)$

[$\dfrac{20}{7}$m²$\left(2\dfrac{6}{7}$m²$\right)$]

3 1辺の長さが$\dfrac{5}{6}$mの正方形があります。この正方形のまわりの長さは，何mですか。

正方形のまわりの長さ＝1辺の長さ×4　だから

$\dfrac{5}{6} \times 4 = \dfrac{5 \times \overset{2}{4}}{\underset{3}{6}} = \dfrac{10}{3}\left(3\dfrac{1}{3}\right)$

[$\dfrac{10}{3}$m$\left(3\dfrac{1}{3}$m$\right)$]

09 分数×分数の計算をしよう

本文24〜25ページ

24ページの答え
①2 ②4 ③3 ④5 ⑤8 ⑥15 ⑦2 ⑧2
⑨1 ⑩3 ⑪$\frac{4}{3}$ ⑫1 ⑬5 ⑭7 ⑮2 ⑯$\frac{5}{42}$

基本練習 25ページ

1 次の計算をしましょう。

(1) $\frac{4}{5} \times \frac{2}{9} = \frac{4 \times 2}{5 \times 9}$ ←分母どうし，分子どうしをかける
$= \frac{8}{45}$

(2) $\frac{3}{4} \times \frac{1}{6} = \frac{\overset{1}{3} \times 1}{4 \times \underset{2}{6}}$ ←とちゅうで約分
$= \frac{1}{8}$

(3) $\frac{2}{3} \times \frac{12}{7} = \frac{2 \times \overset{4}{12}}{\underset{1}{3} \times 7}$
$= \frac{8}{7}\left(1\frac{1}{7}\right)$

(4) $\frac{5}{6} \times \frac{9}{10} = \frac{\overset{1}{5} \times \overset{3}{9}}{\underset{2}{6} \times \underset{2}{10}}$
$= \frac{3}{4}$

(5) $\frac{2}{5} \times \frac{1}{2} \times \frac{5}{7} = \frac{\overset{1}{2} \times 1 \times \overset{1}{5}}{\underset{1}{5} \times \underset{1}{2} \times 7}$
$= \frac{1}{7}$

(6) $\frac{6}{7} \times \frac{9}{8} \times \frac{7}{15} = \frac{\overset{3}{6} \times \overset{3}{9} \times \overset{1}{7}}{\underset{1}{7} \times \underset{4}{8} \times \underset{5}{15}}$
$= \frac{9}{20}$

2 1mの重さが$\frac{4}{7}$kgの鉄の棒があります。この鉄の棒$\frac{4}{9}$mの重さは，何kgですか。

$\frac{4}{7} \times \frac{4}{9} = \frac{4 \times 4}{7 \times 9} = \frac{16}{63}$

[$\frac{16}{63}$ kg]

3 1m²あたり$\frac{5}{8}$kgの米がとれる田んぼがあります。この田んぼ$\frac{6}{5}$m²から，何kgの米がとれますか。

$\frac{5}{8} \times \frac{6}{5} = \frac{\overset{1}{5} \times \overset{3}{6}}{\underset{4}{8} \times \underset{1}{5}} = \frac{3}{4}$

[$\frac{3}{4}$ kg]

---

10 いろいろな分数のかけ算をしよう
本文26〜27ページ

26ページの答え
①1 ②1 ③$\frac{6}{7}$ ④7 ⑤1 ⑥7 ⑦2 ⑧$\frac{7}{18}$
⑨$\frac{7}{9}$ ⑩7 ⑪9 ⑫$\frac{14}{45}$

基本練習 27ページ

1 次の計算をしましょう。

(1) $8 \times \frac{2}{5} = \frac{8 \times 2}{5}$ ←分母が1の分数になおす
$= \frac{8 \times 2}{1 \times 5}$
$= \frac{16}{5}\left(3\frac{1}{5}\right)$

(2) $6 \times \frac{3}{4} = \frac{6 \times 3}{4}$
$= \frac{\overset{3}{6} \times 3}{1 \times \underset{2}{4}}$
$= \frac{9}{2}\left(4\frac{1}{2}\right)$

(3) $14 \times \frac{4}{7} = \frac{14 \times 4}{7}$
$= \frac{\overset{2}{14} \times 4}{1 \times \underset{1}{7}}$
$= 8$

(4) $\frac{1}{3} \times 1\frac{3}{5} = \frac{1}{3} \times \frac{8}{5}$ ←帯分数を仮分数になおす
$= \frac{1 \times 8}{3 \times 5}$
$= \frac{8}{15}$

(5) $1\frac{1}{2} \times \frac{5}{6} = \frac{3}{2} \times \frac{5}{6}$
$= \frac{\overset{1}{3} \times 5}{2 \times \underset{2}{6}}$
$= \frac{5}{4}\left(1\frac{1}{4}\right)$

(6) $2\frac{2}{9} \times 1\frac{1}{8} = \frac{20}{9} \times \frac{9}{8}$
$= \frac{\overset{5}{20} \times \overset{1}{9}}{\underset{1}{9} \times \underset{2}{8}}$
$= \frac{5}{2}\left(2\frac{1}{2}\right)$

2 右の直方体の体積を求めましょう。

直方体の体積＝縦×横×高さ より，

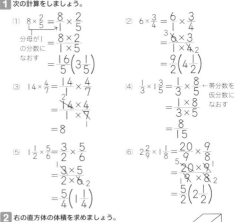

$\frac{6}{5} \times \frac{2}{3} \times \frac{5}{4} = \frac{\overset{1}{6} \times \overset{1}{2} \times \overset{1}{5}}{\underset{1}{5} \times \underset{1}{3} \times \underset{2}{4}} = 1$

[1 m³]

---

11 くふうして計算しよう
本文28〜29ページ

28ページの答え
①1 ②$\frac{7}{9}$ ③12 ④12 ⑤9 ⑥2 ⑦11
⑧$\frac{9}{4}$ ⑨1 ⑩$\frac{1}{3}$ ⑪10 ⑫$\frac{10}{9}$

基本練習 29ページ

1 計算のきまりを使って，くふうして計算しましょう。

(1) $\left(\frac{4}{5} \times \frac{8}{9}\right) \times \frac{9}{8} = \frac{4}{5} \times \left(\frac{8}{9} \times \frac{9}{8}\right)$ ←$(a \times b) \times c = a \times (b \times c)$
$= \frac{4}{5} \times 1 = \frac{4}{5}$

(2) $\left(\frac{5}{6} + \frac{7}{8}\right) \times 24 = \frac{5}{6} \times 24 + \frac{7}{8} \times 24$ ←$(a+b) \times c = a \times c + b \times c$
$= 20 + 21 = 41$

(3) $\frac{2}{7} \times 8 + \frac{2}{7} \times 6 = \frac{2}{7} \times (8+6)$ ←$c \times a + c \times b = c \times (a+b)$
$= \frac{2}{7} \times 14 = 4$

(4) $\frac{7}{8} \times \frac{3}{5} - \frac{1}{4} \times \frac{3}{5} = \left(\frac{7}{8} - \frac{1}{4}\right) \times \frac{3}{5}$
$= \left(\frac{7}{8} - \frac{2}{8}\right) \times \frac{3}{5}$
$= \frac{5}{8} \times \frac{3}{5} = \frac{3}{8}$

2 次の数の逆数を求めましょう。

(1) $\frac{7}{5}$ $\frac{5}{7}$ ←分母と分子を入れかえる

[$\frac{5}{7}$]

(2) $14 = \frac{14}{1}$ $\frac{1}{14}$

[$\frac{1}{14}$]

(3) $1.3 = \frac{13}{10}$ $\frac{10}{13}$

[$\frac{10}{13}$]

---

12 分数÷整数の計算をしよう
本文30〜31ページ

30ページの答え
①2 ②9 ③3 ④2 ⑤27 ⑥2 ⑦1 ⑧$\frac{2}{7}$

基本練習 31ページ

1 次の計算をしましょう。

(1) $\frac{5}{6} \div 2 = \frac{5}{6 \times 2}$ ←分母に整数をかける
$= \frac{5}{12}$

(2) $\frac{7}{2} \div 8 = \frac{7}{2 \times 8}$
$= \frac{7}{16}$

(3) $\frac{3}{8} \div 9 = \frac{\overset{1}{3}}{8 \times \underset{3}{9}}$ ←とちゅうで約分
$= \frac{1}{24}$

(4) $\frac{4}{5} \div 4 = \frac{\overset{1}{4}}{5 \times \underset{1}{4}}$
$= \frac{1}{5}$

(5) $\frac{14}{9} \div 10 = \frac{\overset{7}{14}}{9 \times \underset{5}{10}}$
$= \frac{7}{45}$

(6) $\frac{18}{25} \div 12 = \frac{\overset{3}{18}}{25 \times \underset{2}{12}}$
$= \frac{3}{50}$

2 $\frac{9}{5}$mのリボンを4等分すると，1本分の長さは何mになりますか。

$\frac{9}{5} \div 4 = \frac{9}{5 \times 4} = \frac{9}{20}$

[$\frac{9}{20}$ m]

3 3mの重さが$\frac{6}{7}$kgの鉄の棒があります。この鉄の棒1mの重さは，何kgですか。

$\frac{6}{7} \div 3 = \frac{\overset{2}{6}}{7 \times \underset{1}{3}} = \frac{2}{7}$

[$\frac{2}{7}$ kg]

32ページの答え

① 5　② 2　③ 1　④ 5　⑤ 4　⑥ 5　⑦ $\frac{3}{1}$　⑧ $\frac{3}{1}$

⑨ $\frac{15}{2}$　⑩ 5　⑪ 5　⑫ 5　⑬ 1　⑭ 2　⑮ $\frac{5}{6}$

34ページの答え

① 3　② 1　③ 1　④ 3　⑤ 2　⑥ 1　⑦ $\frac{9}{10}$　⑧ $\frac{6}{1}$

⑨ $\frac{1}{6}$　⑩ 1　⑪ 1　⑫ 4　⑬ 1　⑭ $\frac{1}{8}$　⑮ $\frac{13}{10}$　⑯ $\frac{10}{13}$

⑰ 1　⑱ 1　⑲ 13　⑳ $\frac{2}{13}$

基 本 練 習　33ページ

1 次の計算をしましょう。

(1) $\frac{2}{7} \div \frac{5}{8} = \frac{2}{7} \times \frac{8}{5}$ ←わる数の逆数をかける

$= \frac{2 \times 8}{7 \times 5}$

$= \frac{16}{35}$

(2) $\frac{9}{10} \div \frac{3}{7} = \frac{9}{10} \times \frac{7}{3}$

$= \frac{\overset{3}{\cancel{9}} \times 7}{10 \times \cancel{3}} = \frac{21}{10}\left(2\frac{1}{10}\right)$

(3) $\frac{4}{15} \div \frac{6}{5} = \frac{4}{15} \times \frac{5}{6}$

$= \frac{\overset{2}{\cancel{4}} \times \overset{1}{\cancel{5}}}{\underset{3}{\cancel{15}} \times \underset{3}{\cancel{6}}} = \frac{2}{9}$

(4) $\frac{13}{6} \div \frac{13}{9} = \frac{13}{6} \times \frac{9}{13}$

$= \frac{\cancel{13} \times \overset{3}{\cancel{9}}}{\underset{2}{\cancel{6}} \times \cancel{13}} = \frac{3}{2}\left(1\frac{1}{2}\right)$

(5) $9 \div \frac{3}{4} = \frac{9}{1} \div \frac{3}{4}$

$= \frac{9}{1} \times \frac{4}{3} = 12$

(6) $6 \div \frac{20}{7} = \frac{6}{1} \div \frac{20}{7}$

$= \frac{\overset{3}{\cancel{6}}}{1} \times \frac{7}{\underset{10}{\cancel{20}}} = \frac{21}{10}\left(2\frac{1}{10}\right)$

(7) $\frac{7}{3} \div 2\frac{4}{5} = \frac{7}{3} \div \frac{14}{5}$

$= \frac{\overset{1}{\cancel{7}}}{3} \times \frac{5}{\underset{2}{\cancel{14}}} = \frac{5}{6}$

(8) $1\frac{5}{6} \div 3\frac{2}{3} = \frac{11}{6} \div \frac{11}{3}$

$= \frac{\cancel{11}}{\underset{2}{\cancel{6}}} \times \frac{\cancel{3}}{\cancel{11}} = \frac{1}{2}$

2 $\frac{12}{7}$ mの重さが $\frac{4}{9}$ kgのホースがあります。このホース1mの重さは、何kgですか。

$\frac{4}{9} \div \frac{12}{7} = \frac{4}{9} \times \frac{7}{12} = \frac{7}{27}$　　[$\frac{7}{27}$ kg]

基 本 練 習　35ページ

1 次の計算をしましょう。

(1) $\frac{2}{3} \div \frac{4}{5} \times \frac{9}{10} = \frac{2}{3} \times \frac{5}{4} \times \frac{9}{10}$

$= \frac{\cancel{2} \times \cancel{5} \times \overset{3}{\cancel{9}}}{3 \times \underset{2}{\cancel{4}} \times \underset{2}{\cancel{10}}} = \frac{3}{4}$

(2) $\frac{2}{7} \div \frac{8}{9} \div \frac{5}{14} = \frac{2}{7} \times \frac{9}{8} \times \frac{14}{5}$

$= \frac{\cancel{2} \times 9 \times \cancel{14}}{\cancel{7} \times \underset{4}{\cancel{8}} \times 5} = \frac{9}{10}$

(3) $3 \div \frac{3}{8} \times \frac{5}{6}$

$= \frac{3}{1} \times \frac{8}{3} \times \frac{5}{6} = \frac{\cancel{3} \times \overset{4}{\cancel{8}} \times 5}{1 \times \cancel{3} \times \cancel{6}}$

$= \frac{20}{3}\left(6\frac{2}{3}\right)$

(4) $\frac{3}{10} \times 4 \div 0.8$

$= \frac{3}{10} \times \frac{4}{1} \times \frac{10}{8}$

$= \frac{3 \times \cancel{4} \times \cancel{10}}{\cancel{10} \times 1 \times \cancel{8}} = \frac{3}{2}\left(1\frac{1}{2}\right)$

(5) $0.7 \div 1.1 \div 21$

$= \frac{7}{10} \div \frac{11}{10} \div \frac{21}{1}$

$= \frac{7}{10} \times \frac{10}{11} \times \frac{1}{21}$

$= \frac{\cancel{7} \times \cancel{10} \times 1}{\cancel{10} \times 11 \times \underset{3}{\cancel{21}}} = \frac{1}{33}$

(6) $2.5 \times 2 \div 0.45$

$= \frac{25}{10} \times \frac{2}{1} \div \frac{45}{100}$

$= \frac{25}{10} \times \frac{2}{1} \times \frac{100}{45}$

$= \frac{\overset{5}{\cancel{25}} \times 2 \times \overset{10}{\cancel{100}}}{\cancel{10} \times 1 \times \underset{9}{\cancel{45}}}$

$= \frac{100}{9}\left(11\frac{1}{9}\right)$

36ページの答え

① $\frac{5}{6}$　② $\frac{6}{5}$　③ $\frac{4}{5}$　④ 12　⑤ 8　⑥ x　⑦ 12

⑧ 12　⑨ 12　⑩ 10　⑪ 10

40ページの答え

① 4　② 4　③ 3　④ 4　⑤ 6　⑥ 9　⑦ 2　⑧ 3

⑨ $\frac{2}{3}$

基 本 練 習　37ページ

1 次の問題に答えましょう。

(1) $\frac{8}{9}$ m² をもとにすると、$\frac{7}{6}$ m² は何倍ですか。

倍（割合）＝比べられる量÷もとにする量　より、

$\frac{7}{6} \div \frac{8}{9} = \frac{7}{6} \times \frac{9}{8} = \frac{21}{16}\left(1\frac{5}{16}\right)$

[$\frac{21}{16}$ 倍 $\left(1\frac{5}{16}$ 倍 $\right)$]

(2) $\frac{4}{5}$ Lを1とみると、$\frac{3}{10}$ Lはいくつにあたりますか。

$\frac{3}{10} \div \frac{4}{5} = \frac{3}{10} \times \frac{5}{4} = \frac{3}{8}$

[$\frac{3}{8}$]

(3) $\frac{7}{12}$ kgの $\frac{3}{4}$ にあたる重さは何kgですか。

比べられる量＝もとにする量×割合　より、

$\frac{7}{12} \times \frac{3}{4} = \frac{7 \times \cancel{3}}{\cancel{12} \times 4} = \frac{7}{16}$　　[$\frac{7}{16}$ kg]

2 青い色紙の枚数が200枚で、赤い色紙の枚数の $\frac{4}{5}$ にあたるとき、赤い色紙の枚数は何枚ですか。赤い色紙の枚数を x 枚とすると、

$x \times \frac{4}{5} = 200$

$x = 200 \div \frac{4}{5} = 200 \times \frac{5}{4} = 250$　　[250枚]

基 本 練 習　41ページ

1 次の割合を、比を使って表しましょう。

(1) 赤いテープが5m、青いテープが8mあるときの、赤いテープと青いテープの長さの割合

[5 : 8]

(2) 6年1組の男子の人数が17人で、女子の人数が15人のとき、男子の人数と女子の人数の割合

[17 : 15]

(3) (2)で、男子の人数と組全体の人数の割合

組全体の人数は、
17＋15＝32(人)　　[17 : 32]

2 次の比の値を求めましょう。

(1) 20 : 15

$20 \div 15 = \frac{4}{3}$

[$\frac{4}{3}$]

(2) 16 : 2

$16 \div 2 = 8$

[8]

(3) 3.5 : 1.5

$3.5 \div 1.5 = \frac{35}{10} \div \frac{15}{10} = \frac{7}{3}$

[$\frac{7}{3}$]

(4) 1.2 : 0.4

$1.2 \div 0.4 = 3$

[3]

(5) $\frac{3}{2} : \frac{2}{3}$

$\frac{3}{2} \div \frac{2}{3} = \frac{3}{2} \times \frac{3}{2} = \frac{9}{4}$

[$\frac{9}{4}$]

(6) $\frac{1}{3} : \frac{5}{6}$

$\frac{1}{3} \div \frac{5}{6} = \frac{1}{3} \times \frac{6}{5} = \frac{2}{5}$

[$\frac{2}{5}$]

17 等しい比のつくり方

42ページの答え

① 12 ② 30 ③ 2 ④ 5 ⑤ 32 ⑥ 4 ⑦ 3
⑧ 4 ⑨ 4 ⑩ 3 ⑪ 2

基 本 練 習　43ページ

1 3：7と等しい比を2つつくりましょう。

〔(例)6：14〕 〔(例)9：21〕

2 次の式で，xの表す数を求めましょう。

(1) $4：9＝x：27$ $\xrightarrow{×3}$ $\xleftarrow{×3}$

〔 12 〕

(2) $60：40＝3：x$ $\xrightarrow{÷20}$ $\xleftarrow{÷20}$

〔 2 〕

(3) $30：5＝x：1$ $\xrightarrow{÷5}$ $\xleftarrow{÷5}$

〔 6 〕

(4) $63：6＝x：2$ $\xrightarrow{÷3}$ $\xleftarrow{÷3}$

〔 21 〕

3 次の比を簡単にしましょう。

(1) $48：18$

〔 8：3 〕

(2) $32：14$

〔 16：7 〕

(3) $1.5：2$
$＝15：20＝3：4$

〔 3：4 〕

(4) $\frac{2}{3}：\frac{4}{7}＝\frac{14}{21}：\frac{12}{21}$
$＝14：12＝7：6$

〔 7：6 〕

---

18 比の一方の量を求めよう

44ページの答え

① $\frac{7}{6}$ ② $\frac{7}{6}$ ③ 280 ④ 40 ⑤ 40 ⑥ 40
⑦ 280 ⑧ 280

基 本 練 習　45ページ

1 コーヒーとミルクの量の比が5：3になるように混ぜて，ミルクコーヒーを作ります。
コーヒーを300mLにすると，ミルクは何mLになりますか。

ミルクの量をxmLとする。

$5：3＝300：x$ $\xrightarrow{×60}$ $x＝3×60＝180$ 〔 180mL 〕

2 赤いひもと青いひもの長さの比が8：5になるように切りとります。
赤いひもの長さが24mのとき，青いひもは何mの長さに切りとればよいですか。

青いひもの長さをxmとする。

$8：5＝24：x$ $\xrightarrow{×3}$ $x＝5×3＝15$ 〔 15m 〕

3 ねずみが何びきか入っている箱があります。箱の中のねずみのおすとめすの数の比は，2：7で，おすの数は10びきです。

(1) めすのねずみは何びきいますか。

めすのねずみをxひきとする。

$2：7＝10：x$ $\xrightarrow{×5}$ $x＝7×5＝35$

〔 35ひき 〕

(2) ねずみは全部で何びきいますか。

$10＋35＝45$

〔 45ひき 〕

---

19 全体を決まった比に分けよう

46ページの答え

① 4 ② 3 ③ 7 ④ 210 ⑤ 120 ⑥ 30
⑦ 30 ⑧ 30 ⑨ 120 ⑩ 120

基 本 練 習　47ページ

1 長さが30cmのひもがあります。そのひもを長さの比が3：2になるように2つに切りました。長いひも，短いひもはそれぞれ何cmですか。

長いひもとひも全体の長さの比は　3：(3＋2)＝3：5
長いひもの長さを$x$cmとする。
$3：5＝x：30$ $\xrightarrow{×6}$ $x＝3×6＝18$，$30－18＝12$

〔 長いひも 18cm，短いひも 12cm 〕

2 ひよこが45羽います。おすとめすの数の比は4：5です。

(1) おすは何羽ですか。

おすとひよこ全体の数の比は　4：(4＋5)＝4：9
おすの数をx羽とする。
$4：9＝x：45$ $\xrightarrow{×5}$ $x＝4×5＝20$ 〔 20羽 〕

(2) めすは何羽いますか。

$45－20＝25$

〔 25羽 〕

3 ひろとさんは弟といっしょに2400円のゲームを買いました。ひろとさんと弟のはらうお金の比が5：3になるようにしました。ひろとさんはいくらはらいましたか。

ひろとさんがはらうお金とはらうお金全体の比は
5：(5＋3)＝5：8　ひろとさんのお金をx円とする。
$5：8＝x：2400$，$x＝5×300＝1500$ 〔 1500円 〕

---

20 形が同じ2つの図形

50ページの答え

① FG ② 14 ③ 7 ④ 2 ⑤ 2 ⑥ 2 ⑦ 6
⑧ 2 ⑨ 12 ⑩ G ⑪ 70°

基 本 練 習　51ページ

1 右の④の四角形は，⑦の四角形の$\frac{1}{2}$の縮図です。
次の問題に答えましょう。

(1) 辺GHの長さは何cmですか。

辺GHと辺CDが対応する。
$6×\frac{1}{2}＝3$(cm) 〔 3cm 〕

(2) 辺BCの長さは何cmですか。

辺BCと辺FGが対応する。
$5×2＝10$(cm) 〔 10cm 〕

(3) 角Hの大きさは何度ですか。

角Hと角Dが対応する。 〔 100° 〕

(4) 辺ADの長さは何cmですか。

辺ADと辺EHが対応する。
$3×2＝6$(cm) 〔 6cm 〕

(5) 角Gの大きさは何度ですか。

角Gと角Cが対応する。
$360°－(110°＋100°＋65°)＝85°$ 〔 85° 〕

21 拡大図や縮図をかいてみよう

本文52〜53ページ

52ページの答え

①2 ②6 ③2 ④4 ⑤2

基本練習 53ページ

1 右の三角形ABCを $\frac{1}{2}$ に縮小した三角形DEF をかきます。

(1) 辺BCに対応する辺EFの長さを何cmに しますか。

$4 \times \frac{1}{2} = 2$ （cm）

〔 2cm 〕

(2) 下の□に，三角形DEFをかきましょう。

2 点Bを中心にして，四角形ABCDを1.5倍に拡大した四角形EBGFをかき ましょう。

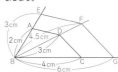

左の図で，
BE…2×1.5＝3（cm）
BF…3×1.5＝4.5（cm）
BG…4×1.5＝6（cm）

---

22 実際の長さは？

本文54〜55ページ

54ページの答え

①4 ②4 ③1000 ④4000 ⑤4000 ⑥40

⑦40 ⑧800 ⑨4 ⑩2.8 ⑪2.8

⑫560 ⑬5.6 ⑭5.6 ⑮1.2 ⑯6.8

⑰6.8

基本練習 55ページ

1 下の縮図で，橋の実際の長さを求めましょう。

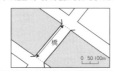

縮図で，1cmが100m を表すので，
2.5×10000＝25000（cm）
25000cm＝250m
〔 約250m 〕

2 右の図で，川はばABの実際の長さを，三角形 ABCの縮図をかいて求めます。

(1) 三角形ABCの $\frac{1}{500}$ の縮図をかくとき，辺 BCに対応する辺の長さを何cmにしますか。

25m＝2500cm，2500× $\frac{1}{500}$ ＝5（cm）〔 5cm 〕

(2) 右の□に，三角形ABCの $\frac{1}{500}$ の縮図をかき，辺ABの 長さをはかりましょう。

〔 4.2cm 〕

(3) 川はばABの長さは，何mで すか。

4.2×500＝2100（cm）
→21（m）

〔 約21m 〕

---

23 円の面積を求めよう

本文58〜59ページ

58ページの答え

①半径 ②円周率 ③4 ④4 ⑤50.24

⑥6 ⑦2 ⑧3 ⑨3 ⑩3 ⑪28.26

基本練習 59ページ

1 次の円の面積を求めましょう。

(1)

$7 \times 7 \times 3.14 = 153.86$（cm²）

〔153.86cm²〕

(2)

$4 \div 2 = 2$ （cm）
$2 \times 2 \times 3.14 = 12.56$（cm²）

〔12.56cm²〕

(3)

$5 \times 5 \times 3.14 = 78.5$（cm²）

〔 78.5cm² 〕

(4)

$20 \div 2 = 10$ （cm）
$10 \times 10 \times 3.14 = 314$（cm²）

〔 314cm² 〕

2 円周の長さが37.68cmの円の面積を求めます。

(1) この円の直径を求めましょう。

$37.68 \div 3.14 = 12$ （cm）

〔 12cm 〕

(2) この円の面積を求めましょう。

$12 \div 2 = 6$ （cm）
$6 \times 6 \times 3.14 = 113.04$ （cm²）

〔113.04cm²〕

---

24 いろいろな図形の面積を求めよう

本文60〜61ページ

60ページの答え

①4 ②1 ③2 ④4 ⑤4 ⑥3.14 ⑦2

⑧25.12 ⑨6 ⑩4 ⑪6 ⑫6 ⑬10.26

⑭10.26 ⑮20.52

基本練習 61ページ

1 次の図形で，色をつけた部分の面積を求めましょう。

(1)

$7 \times 7 \times 3.14 \div 2 = 76.93$（cm²）

〔76.93cm²〕

(2)

$8 \times 8 \times 3.14 \div 4 = 50.24$（cm²）

〔50.24cm²〕

(3)

$12 \times 12 \times 3.14 \div 4 = 113.04$（cm²）
$12 \div 2 = 6$（cm）
$6 \times 6 \times 3.14 \div 2 = 56.52$（cm²）
$113.04 - 56.52 = 56.52$（cm²）

〔56.52cm²〕

(4)

$10 \times 10 = 100$（cm²）
$10 \div 2 = 5$（cm）
$5 \times 5 \times 3.14 \div 4 \times 4 = 78.5$（cm²）
$100 - 78.5 = 21.5$（cm²）

〔 21.5cm² 〕

(5)

$6 \times 6 \times 3.14 = 113.04$（cm²）
$6 \div 2 = 3$（cm）
$3 \times 3 \times 3.14 = 28.26$（cm²）
$113.04 - 28.26 = 84.78$（cm²）

〔84.78cm²〕

(6)

㋐：$4 \times 4 \times 3.14 \div 2 = 25.12$（cm²）
㋑：$2 \times 2 \times 3.14 \div 2 = 6.28$（cm²）
㋒：$6 \times 6 \times 3.14 \div 2 = 56.52$（cm²）
$25.12 + 6.28 + 56.52 = 87.92$（cm²）

〔87.92cm²〕

25 角柱・円柱の体積を求めよう

62ページの答え
①8 ②5 ③20 ④20 ⑤6 ⑥120 ⑦4
⑧4 ⑨50.24 ⑩50.24 ⑪10 ⑫502.4

基本練習 63ページ

1 次の図のような角柱や円柱の体積を求めましょう。

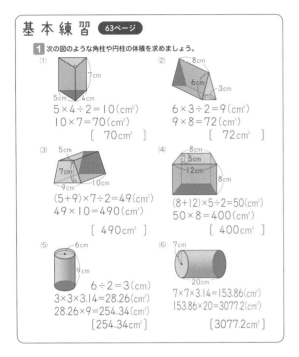

(1)
5×4÷2＝10(cm²)
10×7＝70(cm³)
〔 70cm³ 〕

(2)
6×3÷2＝9(cm²)
9×8＝72(cm³)
〔 72cm³ 〕

(3)
(5+9)×7÷2＝49(cm²)
49×10＝490(cm³)
〔 490cm³ 〕

(4)
(8+12)×5÷2＝50(cm²)
50×8＝400(cm³)
〔 400cm³ 〕

(5)
6÷2＝3(cm)
3×3×3.14＝28.26(cm²)
28.26×9＝254.34(cm³)
〔254.34cm³〕

(6)
7×7×3.14＝153.86(cm²)
153.86×20＝3077.2(cm³)
〔3077.2cm³〕

26 いろいろな立体の体積を求めよう

64ページの答え
①2 ②6 ③12 ④6 ⑤2 ⑥12 ⑦12
⑧12 ⑨24 ⑩24 ⑪3 ⑫72 ⑬3 ⑭3
⑮28.26 ⑯1 ⑰1 ⑱3.14 ⑲28.26
⑳3.14 ㉑25.12 ㉒25.12 ㉓8 ㉔200.96

基本練習 65ページ

1 次の立体の体積を求めましょう。

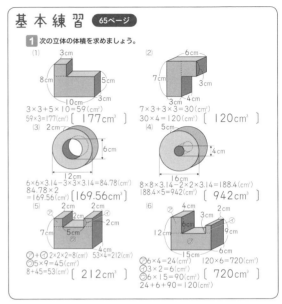

(1)
3×3+5×10＝59(cm²)
59×3＝177(cm³) 〔 177cm³ 〕

(2)
7×3+3×3＝30(cm²)
30×4＝120(cm³) 〔 120cm³ 〕

(3)
6×6×3.14－3×3×3.14＝84.78(cm²)
84.78×2
＝169.56(cm³) 〔169.56cm³〕

(4)
8×8×3.14－2×2×3.14＝188.4(cm²)
188.4×5＝942(cm³) 〔 942cm³ 〕

(5)
⑦＋⑦ 2×2＝8(cm²)
⑦ 5×9＝45(cm²)
8＋45＝53(cm²)
53×4＝212(cm³)
〔 212cm³ 〕

(6)
⑦ 6×4＝24(cm²)
⑦ 3×2＝6(cm²)
⑦ 6×15＝90(cm²)
24+6+90＝120(cm²)
120×6＝720(cm³)
〔 720cm³ 〕

27 およその大きさを求めよう

66ページの答え
① 台形 ②60 ③40 ④30 ⑤60 ⑥40
⑦2 ⑧1800 ⑨1800 ⑩ 直方体 ⑪11
⑫23 ⑬6 ⑭11 ⑮23 ⑯6 ⑰1518
⑱1518

基本練習 67ページ

1 右の図のような形をした島があります。

(1) この島は、およそどんな形とみられ
ますか。
〔 三角形 〕

(2) この島の面積は、およそ何km²ですか。
9×6÷2＝27(km²)

〔 約27km² 〕

2 右の図のような形をしたプールがあり、
プールの深さはどこも0.7mです。
プールに入る水の体積は、およそ何
m³ですか。

プールを直方体とみると、
12×25×0.7＝210(m³)
〔 約210m³ 〕

3 右の図のような形をしたずかんがあります。

(1) この本はおよそどんな形とみられますか。
〔 直方体 〕

(2) この本の体積は、およそ何cm³ですか。
21×16＝336（cm²）
336×3＝1008 （cm³）
〔約1008cm³〕

28 比例について調べよう

70ページの答え
①2 ②$\frac{3}{4}$ ③15 ④15 ⑤15 ⑥15 ⑦15
⑧15 ⑨x

基本練習 71ページ

1 下の表は、正方形の1辺の長さ$x$cmとまわりの長さ$y$cmの関係を表した
ものです。次の問題に答えましょう。

1辺の長さx(cm)	1	2	3	4	5	6	7	8	9
まわりの長さy(cm)	4	8	12	16	20	24	28	32	36

(1) ⑦、⑦、⑦にあてはまる数を書きましょう。
6÷9＝$\frac{2}{3}$ 24÷36＝$\frac{2}{3}$
⑦〔 $\frac{1}{2}$ 〕 ⑦〔 $\frac{2}{3}$ 〕 ⑦〔 $\frac{2}{3}$ 〕

(2) yはxに比例していますか。
〔 比例している。 〕

(3) yをxの式で表しましょう。
$y÷x$の商は、4÷1＝4、　〔 $y=4×x$ 〕
8÷2＝4、…と、いつも4です。

2 1mあたり50円のリボンがあります。リボンの長さをxm、代金をy円と
して、次の問題に答えましょう。

(1) yをxの式で表しましょう。
代金＝1mあたりの値段×長さ 〔 $y=50×x$ 〕

(2) yはxに比例していますか。
〔 比例している。 〕

(3) 下の表は、xとyの関係を表したものです。表のあいているところに
あてはまる数を書きましょう。(1)の式のxに数をあてはめて、
yの値を求めます。
50×2

長さx(m)	1	2	3	4	5	6
代金y(円)	50	100	150	200	250	300

29 比例のグラフをかいてみよう 本文72〜73ページ

本文72〜73ページ

72ページの答え
①20 ②0 ③60 ④80 ⑤0

基本練習 73ページ

1 1mあたりの重さが4kgの鉄の棒があります。この鉄の棒の長さをxm, 重さを$y$kgとして, 次の問題に答えましょう。

(1) yをxの式で表しましょう。
重さ＝1mあたりの重さ×長さ 〔 $y=4×x$ 〕

(2) yはxに比例していますか。
〔 比例している。 〕

(3) xとyの対応する値を, 下の表に書きましょう。

長さx(m)	1	2	3	4	5
重さy(kg)	4	8	12	16	20

4×1　4×2　4×3　4×4　4×5

(4) xとyの関係を右のグラフに表しましょう。

(5) 鉄の棒の長さが2.5mのときの重さをグラフから読み取りましょう。
〔 10kg 〕

鉄の棒の長さと重さ

2 次のグラフのうち, ともなって変わる2つの量が比例するものを選んで, 記号で答えましょう。

⑦ ⑦ ⑦ ⑨

0の点を通る直線になっているグラフを選びます。
〔 ⑦ 〕

---

30 比例を使って問題を解こう 本文74〜75ページ

本文74〜75ページ

74ページの答え
①72 ②72 ③7.2 ④7.2 ⑤3600 ⑥50
⑦50 ⑧50 ⑨3600

基本練習 75ページ

1 同じ種類のくぎ20本の重さをはかったら, 48gありました。
このくぎ320本の重さが何gになるかを考えます。

本数x(本)	20	320
重さy(g)	48	□

(1) くぎ1本の重さを求めて解きます。
① くぎ1本の重さは何gですか。
表を縦に見て, 48÷20=2.4(g) 〔 2.4g 〕

② くぎ320本の重さは何gですか。
2.4×320=768(g) 〔 768g 〕

(2) 本数が何倍になっているかを求めて解きます。
① 320本は, 20本の何倍ですか。
表を横に見て, 320÷20=16(倍) 〔 16倍 〕

② くぎ320本の重さは何gですか。
くぎ320本の重さは48gの16倍だから,
48×16=768(g) 〔 768g 〕

2 **1**のくぎが何本かあります。全体の重さをはかったら, 1200gありました。
くぎは全部で何本あるかを求めましょう。

本数x(本)	20	□
重さy(g)	48	1200

1の(1)求め方…2.4×□=1200　□=1200÷2.4
=500(本)
1の(2)求め方…1200÷48=25(倍)
20×25=500(本) 〔 500本 〕

---

31 反比例とは? 本文76〜77ページ

本文76〜77ページ

76ページの答え
①$\frac{1}{2}$ ②$\frac{1}{3}$ ③24 ④24 ⑤24 ⑥24 ⑦24
⑧24 ⑨x

基本練習 77ページ

1 下の表は, 60cmのリボンをx人で等分したときの, 1人分の長さ$y$cmを表したものです。次の問題に答えましょう。

人数x(人)	1	2	3	4	5	6
1人分の長さy(cm)	60	30	20	15	12	10

3倍　　　⑦倍

(1) ⑦, ⑦, ⑨にあてはまる数を書きましょう。
20÷60　　3÷6　　20÷10
⑦〔 $\frac{1}{3}$ 〕 ⑦〔 $\frac{1}{2}$ 〕 ⑨〔 2 〕

(2) yはxに反比例していますか。
〔 反比例している。 〕

(3) yをxの式で表しましょう。
$x×y$の積は, 1×60=60,
2×30=60,…と,いつも60です。〔 $y=60÷x$ 〕

(4) xの値が10のときのyの値を求めましょう。
$y=60÷10=6$ 〔 6 〕

(5) yの値が7.5のときのxの値を求めましょう。
$7.5=60÷x$　$x=60÷7.5=8$ 〔 8 〕

2 下の表は, 長さ25cmの線こうの, 燃えた長さを$x$cmと残りの長さを$y$cmの関係を表したものです。yはxに反比例していますか。

燃えた長さx(cm)	1	2	3	4	5	6
残りの長さy(cm)	24	23	22	21	20	19

2倍
$\frac{1}{2}$倍ではない→$\frac{23}{24}$倍
〔 反比例していない。 〕

---

32 反比例のグラフを調べよう 本文78〜79ページ

本文78〜79ページ

78ページの答え
①4 ②3 ③2 ④1

基本練習 79ページ

1 6kmの道のりを進むときの, 時速$x$kmとかかる時間y時間の関係を調べます。次の問題に答えましょう。

(1) yをxの式で表しましょう。
速さ×時間＝道のり より,
$x×y=6→y=6÷x$
〔 $y=6÷x$ 〕

(2) xとyの対応する値を, 下の表に書きましょう。

時速x(km)	1	2	3	4	5	6
時間y(時間)	6	3	2	1.5	1.2	1

6÷1　6÷2　6÷3　6÷4　6÷5　6÷6

(3) 対応するx, yの値の組を表す点を, 右の方眼にかきましょう。

上の表より, x, yの値の組を表す点を右の方眼にとっていきます。
点と点を直線でつないでもよいです。

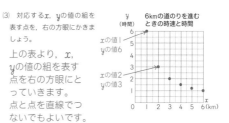

6kmの道のりを進むときの時速と時間

xの値1
yの値6

xの値2
yの値3

---

33 平均値と最頻値を調べよう

本文
82〜83
ページ

82ページの答え

①198 ②19.8 ③164 ④20.5 ⑤B ⑥19

基本練習 83ページ

1 右の表は、A班とB班の反復横とびの記録を表したものです。次の問題に答えましょう。

反復横とびの記録（回）

	A班		B班	
①39	②44	⑩45	⑫40
③40	④36	③43	④47
⑤45	⑥42	⑤37	⑥43
⑦37	⑧40	⑦44	⑧47
⑨44	⑩45	⑨43	⑩41
⑪48	⑫44		

(1) A班とB班のデータの平均値をそれぞれ求めましょう。

記録の合計を求めると、
A班…504回、B班…430回
平均値は、
A班…504÷12＝42（回）　　A班〔 42回 〕
B班…430÷10＝43（回）　　B班〔 43回 〕

(2) (1)から考えて、記録がよいといえるのはどちらの班ですか。
平均値が高いのはB班。　　〔 B班 〕

(3) A班とB班のデータを、下のドットプロットに表しましょう。

A班

B班

(4) (3)のドットプロットから、A班とB班の記録の最頻値を求めましょう。
データの中で、最も多く出てくる値が最頻値。　A班〔 44回 〕
B班〔 43回 〕

(5) 最頻値のほうが平均値よりも高いのは、どちらの班ですか。
A班は、平均値が42回で、最頻値が44回。　　〔 A班 〕

34 ちらばりのようすを表に整理しよう

本文
84〜85
ページ

84ページの答え

①7 ②3 ③4 ④7 ⑤11 ⑥5 ⑦20
⑧0.25 ⑨25

基本練習 85ページ

1 下の表は、6年1組の児童の片道の通学時間をまとめたものです。これを、右の度数分布表に整理します。次の問題に答えましょう。

片道の通学時間　　　　　　　（分）

3	21	8	11	4	5	6	5
11	15	4	7	17	6	12	2	10	7
5	14	27	23	9	14			

片道の通学時間

時間（分）	人数（人）
以上 未満 0〜 5	5
5〜10	9
10〜15	7
15〜20	2
20〜25	2
25〜30	1
合計	26

(1) 右の度数分布表の、階級の幅は何分ですか。
〔 5分 〕

(2) 右の度数分布表に、人数を書きましょう。
「正」を書いて数えると、便利です。
一…1人、丁…2人、下…3人、正…4人、正…5人

2 右の度数分布表は、たくみさんの組の児童全員の1週間の家庭学習の時間をまとめたものです。次の問題に答えましょう。

家庭学習の時間

時間（時間）	人数（人）
以上 未満 2〜3	3
3〜4	4
4〜5	8
5〜6	9
6〜7	5
7〜8	1
合 計	30

(1) たくみさんの家庭学習の時間は4時間でした。何時間以上何時間未満の階級に入っていますか。〔 4時間以上5時間未満 〕
4時間は入る　　5時間は入らない

(2) 家庭学習が6時間以上の人は何人いますか。
〔 6人 〕　5＋1＝6（人）

(3) 家庭学習が5時間以上6時間未満の人数は、組全体の人数の何％ですか。
9人　　　　　　30人
9÷30＝0.3→30%　　〔 30% 〕

35 ちらばりのようすをグラフに表そう

本文
86〜87
ページ

86ページの答え

①5 ②3 ③18 ④35 ⑤40 ⑥5 ⑦30
⑧35

基本練習 87ページ

1 右のヒストグラムは、はるかさんの組の女子の50m走の結果を表したものです。次の問題に答えましょう。

50m走の記録

(1) はるかさんの組の女子の人数は、何人ですか。
1＋3＋6＋4＋2＋1＝17（人）
〔 17人 〕

(2) 人数がいちばん多いのは、どの階級ですか。
グラフの長方形の縦の長さがいちばん長い階級です。
人数は6人です。
〔 9秒以上10秒未満 〕

(3) (2)の階級の人数は、女子全体の人数のおよそ何％ですか。答えは四捨五入して、整数で求めましょう。
6　÷　17＝0.35…→35%
②の階級　　女子全体
の人数　　　の人数
〔 約35% 〕

(4) はるかさんの記録は、記録のよいほうから数えて4番めです。はるかさんの記録は、どの階級に入っていますか。
記録のよいほうから数えると、
7秒以上8秒未満…1人←1番め
8秒以上9秒未満…3人←2番め、3番め、4番め
〔 8秒以上9秒未満 〕

36 中央値を調べよう

本文
88〜89
ページ

88ページの答え

①8 ②偶数 ③6 ④8 ⑤7

基本練習 89ページ

1 下の表は、6年生10人の1日の家庭学習時間を表したものです。次の問題に答えましょう。

1日の家庭学習時間　　　　　　　　　　　　（分）

80	40	30	40	90	40	100	60	30	90

(1) データの値を小さい順に並べましょう。

←小さい　　　　　　　　　　　　　　　　大きい→

30	30	40	40	40	60	80	90	90	100

中央の2つの値

(2) 中央値を求めましょう。
(40＋60)÷2＝50（分）
中央の2つの値の平均値
〔 50分 〕

(3) けいさんの1日の家庭学習時間は60分でした。中央値をもとにしたとき、けいさんの家庭学習時間は、10人の中では長いほうといえますか。
〔 長いほうといえる。 〕

2 下の図は、6年生19人の1週間の運動時間をドット（●）で表したドットプロットです。最頻値と中央値を求めましょう。

(19＋1)÷2＝10より、運動時間の短いほうから数えて10番めが中央値。

最頻値〔 2時間 〕
中央値〔 4時間 〕

37 並べ方を調べよう

90ページの答え

①こ ②し ③ひ ④ひ ⑤し ⑥2 ⑦2 ⑧2
⑨2 ⑩6 ⑪4 ⑫4 ⑬4 ⑭8 ⑮● ⑯○

基 本 練 習 　91ページ

1 右の4枚の数字カードから3枚選んで、3けたの
整数をつくります。次の問題に答えましょう。 　[1] [3] [5] [7]

(1) 百の位を1と決めたとき、何
通りの整数ができるかを調べま
す。右の樹形図の続きをかいて、
できる整数を書きましょう。

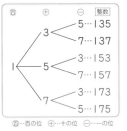

(2) 百の位を1と決めたとき、
何通りの整数ができますか。

〔　6通り　〕

(3) 全部で何通りの整数ができるかを求めましょう。

樹形図をかいて調べると、百の位が3、5、7の
ときもそれぞれ6通りの整数ができるので、
全部で、6+6+6+6=24（通り）

〔　24通り　〕

---

38 組み合わせを調べよう

本文
92〜93
ページ

92ページの答え

①C ②B ③6 ④6 ⑤6

基 本 練 習 　93ページ

1 りんご、みかん、もも、かき、ぶどう
の5種類の果物から、何種類か選んで
買います。次の問題に答えましょう。

(1) 2種類選ぶときの組み合わせが何通りある
か調べます。

① りんごを⑰、みかんを⑭、ももを⑯、か
きを⑰、ぶどうを⑮として、右の表で、選
ぶ2種類の組み合わせのらんに○を書きま
しょう。

② 2種類選ぶときの組み合わせは、全部で何通りありますか。

〔　10通り　〕

(2) 4種類選ぶときの組み合わせが何通りあるか調べます。

① 下の**表1**で、選ぶ4種類の組み合わせのらんに○を書きましょう。

② 下の**表2**で、買わない1種類の果物のらんに×を書きましょう。

表1と表2のどちら
の調べ方でも5通り
だとわかりますが、
表2のように、「買
わない1種類を選ぶ」
と考えたほうが簡単
です。

③ 4種類選ぶときの組み合わせは、全部で何通りありますか。

〔　5通り　〕

1
(1) 辺FE　(2) 角G　(3) 10cm

ポイント

(3) 線対称な図形では，対応する点を結ぶ直線は，対称の軸と垂直に交わり，その点から対応する点までの長さは等しいです。

2
(1)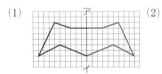
(2) 辺FG
(3)

3
(1) 点D　(2) 辺EF

ポイント

(2) 辺の数が偶数の正多角形は，点対称な図形です。

4
(1) (2)

5
(1) $24-x=y(x+y=24)$
(2) $200×x=y$　(3) $500-x×7=y$

ポイント

(1) 1日は24時間です。

(3) おかしの合計の代金は，$x×7$で表すことができます。

6
(1) $x×8=y$　(2) 48

ポイント

(2) (1)の式のxに6をあてはめます。

1
(1) $\dfrac{15}{7}\left(2\dfrac{1}{7}\right)$　(2) 12　(3) $\dfrac{9}{14}$
(4) $\dfrac{1}{12}$　(5) $\dfrac{9}{2}\left(4\dfrac{1}{2}\right)$　(6) 6

ポイント

(6) $1\dfrac{3}{5}×3\dfrac{3}{4}=\dfrac{8}{5}×\dfrac{15}{4}=\dfrac{\overset{2}{8}×\overset{3}{15}}{\underset{1}{5}×\underset{1}{4}}=6$

2
(1) $\dfrac{5}{6}$　(2) 22　(3) $\dfrac{1}{9}$

ポイント

(1) $(a×b)×c=a×(b×c)$を利用します。

(2) $(a+b)×c=a×c+b×c$を利用します。

(3) $\dfrac{2}{9}×\dfrac{1}{5}+\dfrac{1}{3}×\dfrac{1}{5}=\left(\dfrac{2}{9}+\dfrac{1}{3}\right)×\dfrac{1}{5}$
$=\left(\dfrac{2}{9}+\dfrac{3}{9}\right)×\dfrac{1}{5}=\dfrac{5}{9}×\dfrac{1}{5}=\dfrac{1}{9}$

3
(1) $\dfrac{8}{3}$　(2) 9　(3) $\dfrac{1}{20}$　(4) $\dfrac{10}{17}$

ポイント

(3) $20=\dfrac{20}{1}$だから，20の逆数は$\dfrac{1}{20}$

4
(1) $\dfrac{5}{32}$　(2) $\dfrac{3}{10}$　(3) $\dfrac{11}{14}$
(4) $\dfrac{1}{6}$　(5) $\dfrac{15}{2}\left(7\dfrac{1}{2}\right)$　(6) $\dfrac{5}{6}$

ポイント

(3) $\dfrac{5}{7}÷\dfrac{10}{11}=\dfrac{5}{7}×\dfrac{11}{10}=\dfrac{\overset{1}{5}×11}{7×\underset{2}{10}}=\dfrac{11}{14}$

5
(1) $\dfrac{3}{14}$　(2) $\dfrac{1}{11}$　(3) $\dfrac{16}{7}\left(2\dfrac{2}{7}\right)$　(4) 38

ポイント

(4) $6÷0.3×1.9=\dfrac{6}{1}÷\dfrac{3}{10}×\dfrac{19}{10}$
$=\dfrac{6}{1}×\dfrac{10}{3}×\dfrac{19}{10}=\dfrac{\overset{2}{6}×\overset{1}{10}×19}{1×\underset{1}{3}×\underset{1}{10}}=38$

6
$\dfrac{2}{3}$L

ポイント

牛乳の量をxLとすると，
$x×\dfrac{4}{3}=\dfrac{8}{9}$,　$x=\dfrac{8}{9}÷\dfrac{4}{3}=\dfrac{8}{9}×\dfrac{3}{4}=\dfrac{2}{3}$

1

(1) $\dfrac{3}{5}$　(2) $\dfrac{5}{2}$　(3) $\dfrac{1}{15}$

(4) 5　(5) $\dfrac{7}{2}$　(6) $\dfrac{9}{2}$

ポイント

(3) $0.6 \div 9 = \dfrac{6}{10} \div \dfrac{9}{1} = \dfrac{6}{10} \times \dfrac{1}{9} = \dfrac{1}{15}$

2

(1) 5　(2) 16　(3) 13　(4) 24

(5) 40　(6) 400

ポイント

(1) $18 \div 9 = 2, \ x = 45 \div 9 = 5$

(4) 整数の比に直すと，$40 : 5 = x : 3$

$3 \div 5 = \dfrac{3}{5}, \ x = 40 \times \dfrac{3}{5} = 24$

3

(1) $4 : 7$　(2) $1 : 4$　(3) $8 : 1$

(4) $1 : 7$　(5) $2 : 3$　(6) $20 : 9$

ポイント

(1) 24と42の最大公約数6でわる。

(3) $7.2 : 0.9 = 72 : 9 = 8 : 1$

(5) $\dfrac{8}{9} : \dfrac{4}{3} = \dfrac{8}{9} : \dfrac{12}{9} = 8 : 12 = 2 : 3$

4

72個

ポイント

クッキーを買う数をx個とすると，

$7 : 8 = 63 : x, \ x = 8 \times 9 = 72$（×9）

5

800円

ポイント

兄の金額をx円とすると，

$4 : 7 = x : 1400, \ x = 4 \times 200 = 800$（×200）

6

350cm

ポイント

長いほうのひもの長さと全体のひもの長さの

比は，$7 : (3+7) = 7 : 10$

長いほうのひもの長さを$x$cmとすると，

$7 : 10 = x : 500, \ x = 7 \times 50 = 350$（×50）

1

(1) 2倍

(2) 辺BE18cm，辺CA8cm

ポイント

(1) 辺ABは5cm，辺DBは10cmなので2倍。

2

(1) 辺AD3cm，辺HG6cm

(2) 82°

ポイント

(1) 辺ADと辺EHが対応するので，

辺ADの長さは，$6 \div 2 = 3$（cm）

辺HGと辺DCが対応するので，

辺HGの長さは，$3 \times 2 = 6$（cm）

3

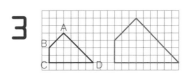

4

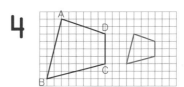

5

3km

ポイント

$6 \times 50000 = 300000$（cm）→3km

6

約8.4m

ポイント

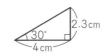

左の図は$\dfrac{1}{300}$の縮図。

$2.3 \times 300 = 690$（cm）

$6.9 + 1.5 = 8.4$（m）

1
(1) 254.34 cm²
(2) 153.86 cm²

ポイント

(2) 半径は，14÷2＝7(cm)

2
(1) 314 cm²
(2) 28.26 cm²

ポイント

(1) 直径は，62.8÷3.14＝20(cm)

3
(1) 37.68 cm²
(2) 314 cm²

ポイント

(1) 4×4×3.14−2×2×3.14＝37.68(cm²)
(2) 図を移すと色をつけた部分の面積は，半径
20cmの円の$\frac{1}{4}$になります。

4
(1) 198 cm³
(2) 1004.8 cm³

ポイント

(1) 底面は台形なので，
(4＋7)×6÷2＝33(cm²)
体積は，33×6＝198(cm³)

5
(1) 923.16 cm³
(2) 1470 cm³

ポイント

(1) 底面積は，7×7×3.14÷2＝76.93(cm²)
(2) 底面を3つの四角形に分けて考えます。
3×4＝12，3×3＝9，7×12＝84より，
底面積は，12＋9＋84＝105(cm²)

6
(1) 約18 m²
(2) 約27 m³

ポイント

(1) 池の形を平行四辺形とみると，
6×3＝18(m²)
(2) (1)を底面積として，18×1.5＝27(m³)

1
比例しているもの…エ
反比例しているもの…ア

ポイント

yがxに比例するとき，$y÷x$の商は決まった
数になります。エは，$y÷x$の商が，1÷2＝
0.5，2÷4＝0.5，…と，いつも0.5です。
yがxに反比例するとき，$x×y$の積は決まっ
た数になります。アは，$x×y$の積が，1×16
＝16，2×8＝16，…と，いつも16です。

2
(1) $y＝2×x$
(2) 右のグラフ
(3) 7 cm²

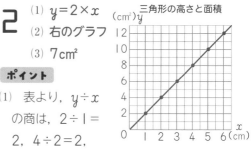
三角形の高さと面積

ポイント

(1) 表より，$y÷x$
の商は，2÷1＝
2，4÷2＝2，
…と，いつも2なので，
$y÷x＝2→y＝2×x$
(3) グラフより，xの値が3.5のときのyの値
を読み取ると，7になっています。

3
$y＝36÷x$

ポイント

表より，$x×y$の積は，1×36＝36，
2×18＝36，…と，いつも36なので，
$x×y＝36→y＝36÷x$

4
42 cm

ポイント

ベニヤ板1枚の厚さは，6÷20＝0.3(cm)
だから，ベニヤ板140枚の厚さは，
0.3×140＝42(cm)
〔別の解き方〕ベニヤ板140枚は20枚の
140÷20＝7(倍)だから，厚さも6cmの7倍
で，6×7＝42(cm)

1

(1) **下の表**　(2) **下のグラフ**

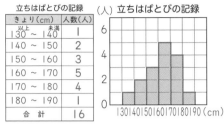

立ちはばとびの記録

きょり(cm)		人数(人)
以上	未満	
130 〜 140		1
140 〜 150		2
150 〜 160		3
160 〜 170		5
170 〜 180		4
180 〜 190		1
合　計		16

(3) **25%**

ポイント

(3)　170cm以上180cm未満の人数は4人で，
　　男子全体の人数は16人だから，
　　4÷16=0.25→25%

2

(1) **15m以上20m未満**
(2) **6人**

ポイント

(2)　20m以上25m未満の人が4人，25m以上
　　30m未満の人が2人で，4+2=6(人)

3

平均値…**7.5点**　　最頻値…**9点**
中央値…**8.5点**

ポイント

　平均値は，150÷20=7.5(点)
　中央値は，20÷2=10より，得点の低いほ
うから10番めの8点と高いほうから10番めの
9点の平均値だから，
(8+9)÷2=8.5(点)

4　**24通り**

ポイント

　色をぬる部分を，左か
ら順に①，②，③，④と
します。
　①を赤と決めたとき
の，②〜④の部分のぬり
分け方は，右の図のよう
に6通りあります。

```
①    ②    ③  ④
          黄―緑
      青
          緑―黄
          青―緑
赤――黄
          緑―青
          青―黄
      緑
          黄―青
```

　①を青，黄，緑と決めたときも，それぞれ色
のぬり分け方は6通りあるので，色のぬり分け
方は全部で，6+6+6+6=24(通り)

5　**10通り**

ポイント

　バニラを⑱，メロンを
⊗，オレンジを⑰，いちご
を⑰，チョコレートを⑰と
して，右のような表に表し
て調べると，○の数だけ組
み合わせがあることがわかります。

	⑱	⊗	⑰	⑰	⑰
⑱		○	○	○	○
⊗			○	○	○
⑰				○	○
⑰					○
⑰